湿地中国科普丛书

POPULAR SCIENCE SERIES OF WETLANDS IN CHINA

中国生态学学会科普工作委员会　组织编写

水泽飞羽
湿地鸟类
Wetland Birds

洪兆春　主编

中国林業出版社

图书在版编目(CIP)数据

水泽飞羽——湿地鸟类 / 中国生态学学会科普工作委员会组织编写；洪兆春主编. -- 北京：中国林业出版社, 2022.10

（湿地中国科普丛书）

ISBN 978-7-5219-1907-3

Ⅰ. ①水… Ⅱ. ①中… ②洪… Ⅲ. ①沼泽化地－鸟类－中国－普及读物 Ⅳ. ①Q959.708-49

中国版本图书馆CIP数据核字(2022)第185508号

出 版 人：成 吉

总 策 划：成 吉 王佳会

策　　划：杨长峰 肖 静

责任编辑：张衍辉 肖 静

宣传营销：张 东 王思明 李思尧

出版 中国林业出版社（100009 北京市西城区刘海胡同 7 号）

http://www.forestry.gov.cn/lycb.html 电话：（010）83143577

印刷 北京雅昌艺术印刷有限公司

版次 2022 年 10 月第 1 版

印次 2022 年 10 月第 1 次

开本 710mm × 1000mm 1/16

印张 14.75

字数 165 千字

定价 60.00 元

湿地中国科普丛书

编辑委员会

编辑工作领导小组

编辑项目组

《水泽飞羽——湿地鸟类》

编辑委员会

序言

湿地是重要的自然资源，更具有重要生态系统服务功能，被誉为“地球之肾”和“天然物种基因库”。其生态系统服务功能至少包括这样几个方面：涵养水源调节径流、降解污染净化水质、保护生物多样性、提供生态物质产品、传承湿地生态文化。同时，湿地土壤和泥炭还是陆地上重要的有机碳库，在稳定全球气候变化中具有重要意义。因此，健康的湿地生态系统，是国家生态安全体系的重要组成部分，也是实现经济与社会可持续发展的重要基础。

我国地域辽阔、地貌复杂、气候多样，为各种生态系统的形成和发展创造了有利的条件。2021年8月自然资源部公布的第三次全国国土调查主要数据成果显示，我国各类湿地（包括湿地地类、水田、盐田、水域）总面积8606.07万公顷。按照《关于特别是作为水禽栖息地的国际重要湿地公约》（简称《湿地公约》）对湿地类型的划分，31类天然湿地和9类人工湿地在我国均有分布。

我国政府高度重视湿地的保护与合理利用。自1992年加入《湿地公约》以来，我国一直将湿地保护与合理利用作为可持续发展总目标下的优先行动之一，与其他缔约国共同推动了湿地保护。仅在“十三五”期间，我国就累计安排中央投资98.7亿元，实施湿地生态效益补偿补助、退耕还湿、湿地保护与恢复补助项目2000余个，修复退化湿地面积700多万亩[①]，新增湿地面积300多万亩，2021年又新增和修复湿地109万亩。截至目前，我国有64处湿地被列入《国际重要湿地名录》，先后发布国家重要湿地29处、省级重要湿地1001处，建立了湿地自然保护区602处、湿地公园1600余处，还有13座城市获得“国际湿地城市”称号。重要湿地和湿地公园已成为人民群众共享的绿色空间，重要湿地保护和湿地公园建设已成为“绿水青山就是金

① 1亩=1/15公顷。以下同。

山银山”理念的生动实践。2022年6月1日起正式实施的《中华人民共和国湿地保护法》意味着我国湿地保护工作全面进入法治化轨道。

要落实好习近平总书记关于“湿地开发要以生态保护为主，原生态是旅游的资本，发展旅游不能以牺牲环境为代价，要让湿地公园成为人民群众共享的绿意空间”的指示精神，需要全社会的共同努力，加强湿地科普宣传无疑是其中一项重要工作。

非常高兴地看到，在《湿地公约》第十四届缔约方大会（COP14）召开之际，中国林业出版社策划、中国生态学学会科普工作委员会组织编写了“湿地中国科普丛书”。这套丛书内容丰富，既包括沼泽、滨海、湖泊、河流等各类天然湿地，也包括城市与农业等人工湿地；既有湿地植物和湿地鸟类这些人们较为关注的湿地生物，也有湿地自然教育这种充分发挥湿地社会功能的内容；既以科学原理和科学事实为基础保障科学性，又重视图文并茂与典型案例增强可读性。

相信本套丛书的出版，可以让更多人了解、关注我们身边的湿地，爱上我们身边的湿地，并因爱而行动，共同参与到湿地生态保护的行动中，实现人与自然的和谐共生。

中国工程院院士

中国生态学学会原理事长

2022年10月14日

前言

湿地是全球重要生态系统之一，被誉为“地球之肾”“物种基因库”，中国政府于1992年加入《关于特别是作为水禽栖息地的国际重要湿地公约》（简称《湿地公约》），成为第67个缔约方。加入《湿地公约》以来，中国政府与国际社会共同努力，在应对湿地面积减少、生态功能退化等全球性挑战方面采取了积极行动，指定了64处国际重要湿地、29处国家重要湿地，建立了600余处湿地自然保护区、1600余处湿地公园，实现内地国际重要湿地监测全覆盖。经过30年的发展，我国的湿地保护由最初专注水禽栖息地和迁徙水鸟的保护，逐步演变为湿地生态系统整体保护。

湿地鸟类以湿地为生存和繁殖栖息地，是湿地生态系统的重要组成部分。湿地鸟类种类和数量变化是监测湿地生物多样性及湿地环境变化的客观生物指标。我国湿地面积大，湿地鸟类数量多、种类丰富。

《水泽飞羽——湿地鸟类》一书，从科普的角度，按雁形目、䴙形目、鹤形目、鸻形目、鹳形目、鲣鸟目、鹈形目、鹰形目、佛法僧目、雀形目介绍了我国湿地代表性鸟类10目48种。

本书作者均来自鸟类科研教学一线，他们从湿地鸟类的形态特征、栖息行为特点、生存环境、生存现状等方面对湿地鸟类进行了描述，语言生动、诙谐幽默，如鸿雁的首要任务是“成为一名合格的吃货和胖子”，疣鼻天鹅是“比心”的鼻祖，白头鹤是“神秘的修女鹤，森林湿地的隐者”等。本书除了向大家科普鸟类知识，更重要的是让我们认识湿地鸟类与湿地环境的关系、湿地鸟类与人类休戚与共，让我们在感受湿地鸟类魅力的同时，也思考湿地的可持续发展。

本书在普及湿地保护科学知识的同时，也图文并茂地展示了湿地的自然风光和中华文化的魅力，“泥融飞燕子，沙暖睡鸳鸯”“漠漠水田飞白鹭，阴阴夏木啭黄鹂”“落霞与孤鹜齐飞，秋水共长天一色”，直观地宣传了中国湿地中人、鸟、自然和谐的画面。全书兼具科学性与趣味性，为宣传和保护湿地鸟类提供了参考。

中国对湿地鸟类的研究和保护起步较晚，近30年来，通过政策保障、科技支撑、科普教育，统筹山水林田湖草沙系统治理，不断加大湿地鸟类保护力度，湿地鸟类栖息地质量逐步改善，生态功能不断优化。湿地鸟类资源保护需要更多关注，只要我们秉承珍爱湿地，人与自然和谐共生的理念去保护湿地鸟类，就一定能够推动湿地鸟类保护事业的发展。让我们一起努力，保护湿地、关爱湿地鸟类，共同建设人与自然和谐共生的美好家园。

编者们力求本书能够融科学性、知识性、科普性和通俗趣味性为一体，但终因水平有限，疏漏和不足之处在所难免，竭诚希望读者提出批评和建议。

本书编辑委员会

2022年5月

目录

（汪莲/摄）

我国湿地面积大，湿地鸟类种类多、分布广、生态习性多样，是湿地生态系统中最典型的生物类群。特别是以水鸟为代表的迁徙鸟类，每年迁徙时跨越全球多个国家和地区，成了湿地与全球生态系统联系的重要纽带。

第一篇　总论

中国湿地概况

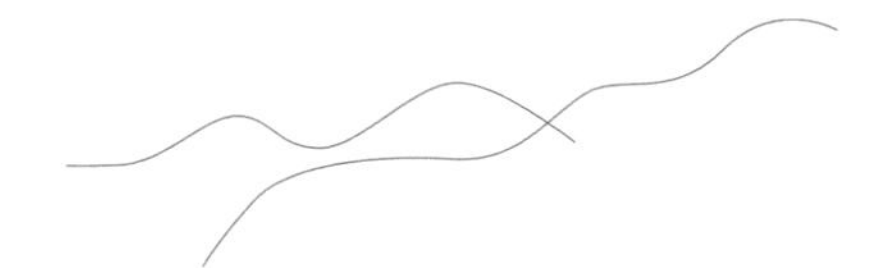

湿地是地球三大生态系统之一，被誉为“地球之肾”。根据《关于特别是作为水禽栖息地的国际重要湿地公约》（简称《湿地公约》）的定义，湿地是指天然或人工的、永久或暂时的沼泽地、泥炭地或水域地带，静止或流动的淡水、半咸水

巴音布鲁克草原湿地（韩皓东/摄）

山东青岛滨海湿地（曹阳/摄）

或咸水体，包括低潮时水深不超过6米的浅海区域。

湿地不仅为人类生产、生活提供多种物质资源，还具有涵养水源、调节气候、维护生物多样性、防洪减灾、净化水质、降解污染、防浪固堤等多种生态功能，具有科研教育、文化艺术、休闲娱乐等多种价值。

第二次全国湿地资源调查结果显示，全国湿地总面积为5360.26万公顷，湿地面积占国土面积的比率（即湿地率）为5.58%。其中，自然湿地面积为4667.47万公顷，占全国湿地总面积的87.08%。在调查区域内，有近海与海岸湿地579.59万公顷、河流湿地1055.21万公顷、湖泊湿地859.38万公顷、沼泽湿地2173.29万公顷、人工湿地674.59万公顷。从分布情况看，青海、西藏、内蒙古、黑龙江等4省（自治区）湿地面积约占全国湿地总面积的50%。二调显示，我国现有577处湿地自然保护

四川西昌邛海湿地（傅定一/摄）

区、1600余处湿地公园。受保护湿地面积为2324.32万公顷，湿地保护率为43.51%。我国的淡水资源约有2.7万亿吨，主要分布在河流湿地、湖泊湿地、沼泽湿地和库塘湿地中，湿地保存了全国96%的可利用淡水资源；我国有湿地植物4220种、湿地植被483个群系、脊椎动物2312种。每公顷湿地每年可去除1000多千克氮和130多千克磷，为降解污染发挥了巨大的生态功能；我国湿地储存了大量泥炭如若尔盖湿地就储存泥炭19亿吨对应对气候变化发挥了重要作用。与此同时，调查发现我国湿地生态状况依然不容乐观、湿地保护形势依然严峻，湿地资源面临的威胁呈增长态势，影响湿地的主要威胁因素已经从污染、围垦、非法狩猎三大因子转变为污染、围垦、基建占用、过度捕捞和采集、外来物种入侵等五大因子，湿地保护形势依然严峻。

（执笔人：北京林业大学贾亦飞）

中国湿地鸟类概况

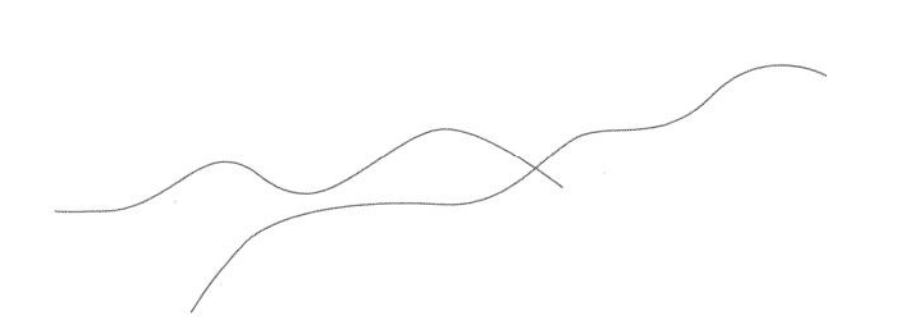

湿地鸟类是以湿地为主要栖息地的鸟类，狭义上主要指水鸟。水鸟在生态学上指依赖湿地而生存的鸟类。经过长期进化，水鸟在形态和行为上形成了适应湿地生活的特征。从生态类群上来说，水鸟主要包括涉禽和游禽两大类。涉禽是适应于在沼泽、浅水区涉水，或在裸露滩涂上活动的水鸟，一般具有颈长、腿长及喙长的形态特征；游禽是适应于游泳或潜水生活的水鸟，通常身体羽毛致密，足上多具蹼。我国现有湿地水鸟300余种，主要包括雁形目、䴙形目、红鹳目、鹤形目、鸻形目、潜鸟目、鹱鹲目、鹱形目、鹳形目、鹈形目的所有种类，以及鲣鸟目鸟类。但从广义上来说，湿地鸟类还包括其他与湿地密切相关的鸟类，例如，鹃形目、鹰形目、佛法僧目、隼形目、雀形目等类群的一些鸟类，它们也栖息在湿地环境内或者需要从湿地中获取食物。一些海鸟既生活在海洋里，也常出现在近海与海岸湿地以及内陆湿地中，如鸬鹚、鸥类、鹈鹕也被认为是湿地鸟类。

山东青岛滨海湿地的蛎鹬（曹阳/摄）

陕西汉中朱鹮国家级自然保护区的朱鹮（杨鑫/摄）

山西运城平陆县黄河湿地的大天鹅（程建军/摄）

湿地鸟类是湿地生态系统的重要组成部分，是湿地野生动物中最具代表性的类群。我国湿地鸟类的特点是种类多、分布广、生态习性多样。我国湿地鸟类多在北方繁殖，南方越冬。它们大多有迁徙的特性，即以年为周期，季节性、有规律地进行长距离的空间移动。全球有九大候鸟迁飞区，其中四个途经我国，即西亚－东非迁飞区（West Asian-East African Flyway）、中亚迁飞区（Central Asian Flyway）、东亚－澳大利西亚迁飞区（East Asian-Australasian Flyway）、西太平洋迁飞区（West Pacific Flyway）。东亚－澳大利西亚迁飞区是我国许多鸟类尤其是湿地鸟类的迁徙区域。它涵盖了俄罗斯西伯利亚与远东、北极圈南缘、美国阿拉斯加地区，经东亚、东南亚各国，南至澳大利亚和新西兰的广大区域。在该区域内迁徙的湿地鸟类种类多、数量大，每年迁徙数

雅鲁藏布江中游湿地的黑颈鹤（马茂华/摄）

大连金州西海湿地的鹭类（王开红/摄）

量多达数百万只，种类有200余种，受胁物种数占比居九大迁飞区之首，如丹顶鹤、卷羽鹈鹕、勺嘴鹬、青头潜鸭等。东亚－澳大利西亚迁飞区已成为全球鸟类与栖息地研究及保护的热点区域，日益受到社会各界的广泛关注。西

三门峡黄河湿地的大天鹅（吴祥鸿/摄）

太平洋迁飞区与东亚–澳大利西亚迁飞区部分重合，包括我国滨海的部分区域，最为典型的鸟类就是鸻鹬类鸟类和部分海洋性鸟类。中亚迁飞区包括我国青藏高原在内的广大区域，许多湿地鸟类能够飞越喜马拉雅山脉到达印度越冬，包括黑颈鹤、蓑羽鹤、斑头雁等典型水鸟。西亚–东非迁飞区在我国的部分主要包括新疆的部分区域，其中的鸟类包括大红鹳、白鹳等典型水鸟。

迁徙鸟类沿着南北半球的路线进行长途迁徙，需要湿地作为停歇、补充营养、越冬或繁殖的中转站和栖息地，湿地中的动植物成为迁徙鸟类的食物。世界上很多湿地因为处在湿地鸟类迁徙的必经路线中而成为自然保护地。湿地鸟类让湿地与全球生态系统紧密相连。

（执笔人：北京林业大学贾亦飞）

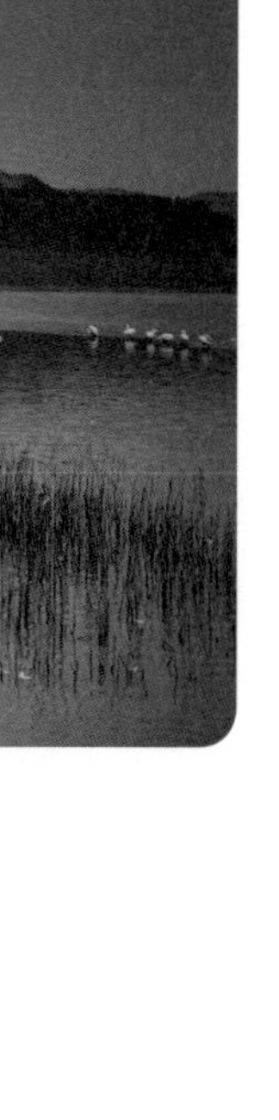

（谭文奇/摄）

湿地鸟类以湿地为栖息地，本篇按雁形目、䴙䴘目、鹤形目、鸻形目、鹳形目、鲣鸟目、鹈形目、鹰形目、佛法僧目、雀形目分类介绍了我国湿地代表性鸟类10目48种。湿地鸟类依水而居，繁衍生息，与湿地环境同生命、互依存，休戚与共。

第二篇　中国湿地的代表性鸟类

（谭文奇/摄）

雁形目

万里长空结队行

——鸿雁

每年11月下旬在鄱阳湖，你总能看到这样一幅声势浩大的景象：成千上万只鸿雁（*Anser cygnoid*）聚集在一起，尽情享用美食。它们是远方的来客，从遥远的蒙古国、俄罗斯飞到此地越冬。此时的鸿雁刚刚经历了长距离迁徙飞行，饥肠辘辘的它们快速地寻找着食物，准备好好饱餐一顿。鸿雁体形较大，嘴巴为黑色，体色为灰褐色，外表较其他雁类更为亮丽。与其他雁类不同的是，鸿雁从头顶到后颈的颜色为暗棕色，两侧前颈近白色，这是识别它的重要依据。

全球90%的鸿雁都齐聚于鄱阳湖越冬，因此，每年11月到次年3月，鄱阳湖都热闹非凡。为抵御冬季的寒冷并为来年的迁徙和繁殖做准备，鸿雁在鄱阳湖的首要任务是积累充足的脂肪，“成为一名合格的吃货和胖子”，这样才能有足够的力气飞到繁殖地，并孕育下一代。鸿雁为单一食草鸟类，沉水植物苦草的冬芽是它们的最爱。成百上千只鸿雁常聚集在浅水和泥滩生境，像挖掘机一样，用自己强有力的喙挖掘泥土并甩向一边，取食埋在底泥中的苦草冬芽。在鸿雁取食过的地方，可以看到被它们挖出的很多小坑，旁边则是堆起的一座座小土丘。研究人员发现，苦草冬芽埋藏越深重量越大，但是挖掘这里的冬芽需要花费鸿雁更多的能量。为花费较少的能量以获得更多的食物，鸿雁会优先选择取食埋藏深度中等的苦草冬芽。当水位较深时，鸿雁则会将整个头颈和部分身体探入水中，以便更好地寻找食物。除了在浅水生境中取食苦草冬芽，鸿雁还会和小天鹅、豆雁、白额雁这些伴生鸟类一起在草洲取食苔草、蓼子草等。它经常迈着缓慢的步伐，用喙快速地啄食苔草等植物嫩叶。为避免发生额外的能量损失，除了取食，鸿雁也会花费大量的时间休息，它们常常成群趴在一起沐浴阳光，小憩片刻，享受着当下的美好。

美好的日子总是很短暂，不知不觉，3月悄悄来临，为繁衍后代，鸿雁在不断地酝酿着，准备新一轮迁徙。3月底，迁徙开始。为完成长距离迁徙的任务，成百上千只

（王槐华/摄）

（贾亦飞/摄）

鸿雁一会儿排成“人”字，一会儿排成“一”字向北飞行。“人”字形迁徙方式的原理是借助群体扇动翅膀产生一股上升的气流，这样插在队伍中间的老弱病残鸿雁和队尾的同伴就可以利用这股气流飞得更省力。领头雁通常是群体中的强壮个体，它承受着较大的空气阻力，飞行时需要消耗的能量远大于后面的鸟，因此，领头雁隔段时间会轮换，类似于我们人类的换班。当然这种“人”字或“一”字阵形不是鸿雁的专利，其他鸟类长途飞行也有类似的阵形。经过长时间的长途跋涉，它们重新汇聚在蒙古国中部及与之毗邻的中国东北、俄罗斯交界地带，开始新一轮的繁衍。

（执笔人：南昌大学丁慧芳、北京林业大学王文娟）

大雁家族的小家碧玉——小白额雁

我国的洞庭湖是雁类重要的越冬场所。冬日暖阳下，观鸟正当时。作为候鸟乐园之一的洞庭湖热闹非凡，成千上万只候鸟齐聚于此，鸣声鼎沸，吸引无数鸟类爱好者驻足观赏、拍摄。在这里，除了可以看到不远万里跋涉而来的鸿雁、豆雁、灰雁、白额雁等，还有一种非常吸人眼球的珍稀雁类——小白额雁（*Anser erythropus*）。它们有着圆圆的脑袋，粉色的喙部，橙色的双蹼，环嘴的白斑延伸到额头顶部，腹部有大小不一的黑色斑块，天然的金色眼眶犹如娇俏女郎的眼影。它们小巧而精致，在一众成员体形较大的大雁家族中迥然不同。

小白额雁的外形与它的近亲白额雁的外形非常相似，怎样在野外更好地区分它们呢？我们通过以下三方面进行区分。第一，小白额雁体形偏小，喙部短而小巧，而白额雁体形较大，喙部较长；第二，小白额雁的环嘴白斑会延伸到额头顶部，但白额雁的不会；第三，两者最显著的区别就是小白额雁具有金色眼眶，而白额雁是没有的。尽管有研究表明，这两个物种有自然杂交现象，导致部分体形类似于白额雁的个体也拥有金色眼眶，但这种现象极为罕

（雷刚/摄）

见，因此我们看到带金色眼眶的雁大概率还是小白额雁。

小白额雁的种群数量在1.6万~2.7万只，是我国二级保护野生动物。它有三个种群——芬诺斯堪迪亚种群、西部种群和东部种群，其中，芬诺斯堪迪亚种群仅剩35~55对。小白额雁的繁殖地从北欧地区延伸到俄罗斯科拉半岛、泰米尔半岛以西、东西伯利亚和楚科奇等区域，越冬地在黑海和里海周边地区、朝鲜半岛以及中国的长江中下游等地。冬天来临，小白额雁东部种群中大约有90%（2万多只）的个体集中在东洞庭湖越冬，因此，东洞庭湖是我国小白额雁最重要的越冬地。每年9月底，洞庭湖进入枯水期，水落滩现，大片露出的泥滩上长出嫩绿的洲滩植被。10月初，包括小白额雁在内的数万只雁类从遥远的繁殖地飞到洞庭湖度过冬天。初露的洲滩植被对于饥肠辘辘的它们来说就是美味佳肴，饱餐的同时，它们也被拂去了一身疲惫。

与其他雁类一样，小白额雁也是典型的植食性鸟类，主要取食湖泊湿地植被的根、茎、叶以及果实等。小白额雁对食物异常挑剔，它们喜爱取食能量丰富的低矮植物。在东洞庭湖，它们不像豆雁、白额雁那样以苔草为食，而是喜爱吃泥滩上高能量的荸荠属和禾本科植物。虽然苔草是洲滩上的优势植物，营养含量较高，但是它的能量较低，不能满足小白额雁在冬季维持自身的能量平衡需求，所以，小白额雁并不是很喜欢取食苔草，但对于刚长出的鲜嫩可口的苔草，它们也可以接受。

小白额雁早期在我国安徽省、江西省和江苏省都有大量分布，但由于环境变化以及长江中下游湖泊的水文节律发生改变，影响了洲滩植物的种类和数量，小白额雁偏好的食物局限在洞庭湖分布，从而导致大量小白额雁集中在洞庭湖。所以，加强洞庭湖小白额雁栖息地的保护，为小白额雁提供稳定的食物资源和栖息环境至关重要。

（执笔人：南昌大学陈青、北京林业大学王文娟）

高原江湖里的『扛把子』

——斑头雁

雨季过后，高原上气温逐渐转凉，人们还没怎么领略秋景，便大踏步地入了冬。以“日光城”闻名于世的拉萨在告别着如织游人的同时，也迎来了到此处冬游的常客——越冬鸟群，有黄色的赤麻鸭，黑色的鸬鹚，白色的鸥类等，拖家带口好不热闹。要说这队伍中数量最多、“势力”最大的，还得算是头顶“二道杠”的斑头雁（*Anser indicus*）。

斑头雁，顾名思义，其白色头顶后部有两条黑纹像斑马纹，特别醒目，藏区人称其为“花头鸭”。斑头雁在幼年时

（刘善思/摄）

头顶污灰色，没有横斑，因此那两条极具辨识度的黑纹也是其成年的象征。斑头雁是中型雁类，成年雁体长约70厘米，重2～3千克。雌、雄斑头雁外形相似，但雄性的体形略大。斑头雁全身羽毛灰白色，颈部前后是灰褐色的，胸和上腹部为浅灰色，下体多为白色。喙橙黄色，嘴尖黑，足橘黄色。

斑头雁喜欢集群，在拉萨城区，白天多在拉鲁湿地、龙王潭公园等城区附近的水域活动。市区之外，拉萨河谷沿岸的灌水旱田是它们的最爱，少则几十只，多则100～200只成群，或懒散地趴着休息，或在青稞地里边走边奋力埋头觅食。其姿态笨拙可爱，遇到牛、羊等家畜的惊扰，奔走敏捷。傍晚，时有雁群排成“人”字形或“V”字形，飞回河间湿地的夜宿地。飞行时常伴有“hang-hang”的鸣叫，声音洪亮，引得路人驻足抬头。

（刘善思/摄）

（吴祥鸿/摄）

斑头雁是亚洲特有鸟之一，在我国种群数量稳定，被世界自然保护联盟（IUCN）列为无危动物。雅鲁藏布江中游是它们最重要的越冬地之一，据西藏自治区高原生物研究所近年的持续观测统计，其越冬种群数量最多时能达到10万只。

斑头雁因可以飞越喜马拉雅山脉的壮举，享有“高空旅行家”的美誉。耐高寒、忍受低氧是它成功生存的法宝，而铭刻于基因里的迁徙使命则彰显了其飞行的本能力量。

斑头雁主要分布在亚洲中部的高原地带及印度次大陆等地。每年9月至10月，它们南迁到西藏南部、印度、孟加拉国等海拔较低的地方越冬；而次年的3月到5月，它们会向北飞至青藏高原的大江大河和湖泊沼泽等地交配繁殖。一次次成功的迁徙意味着它们对险峻高山的一次次征服。

谈到爱情鸟，人们首先想到鸳鸯。事实上，鸳鸯的忠诚仅在繁殖期间维持，一旦交配结束，雄鸳鸯就会离开雌

（刘善思/摄）

鸳鸯。而斑头雁是一种社会性单配制鸟，也就是它们实行我们所说的终生一夫一妻制。我们所熟知的“问世间，情是何物，直教生死相许”，便出自元好问的《摸鱼儿·雁丘词》，饱含对雁类忠贞的赞颂。

斑头雁夫妻完成配对仪式后，会在水中交配。之后出双入对，在河滩、湖中小岛等地营造它们的爱巢，用草、茎叶、藻、棉花、绒羽等材料当巢材。在巢建成后的10~12天内产卵，每窝产卵2~10枚；卵圆形，纯白色。

雌雁负责孵卵期间，除了在附近寻找食物外，基本趴在窝里不动。雄雁负责守护，遇到意外，会奋力扑打翅膀，驱赶来犯之敌。大约28天后，雏雁破壳出巢，大约3天后便可由双亲带着活动。特别是其在第一次下水时，往往有双亲在后边护送，场面温馨。

（执笔人：西藏自治区高原生物研究所益西多吉、杨乐）

忠贞不渝的爱情鸟
——疣鼻天鹅

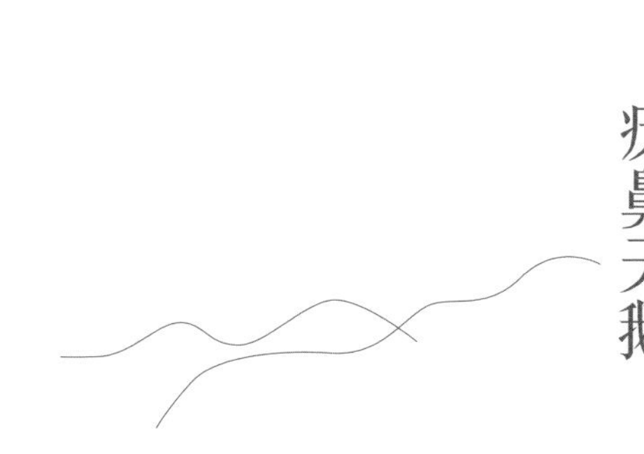

在冬季，清晨的万丈霞光照亮天鹅湖；银色的雾凇、澄澈的湖水、洁白的疣鼻天鹅（*Cygnus olor*）在氤氲的水汽中若隐若现。这童话般的仙境就坐落在新疆维吾尔自治区伊犁哈萨克自治州的伊宁县。伊犁的冬季气温在零下20摄氏度左右，但天鹅湖却永不结冰，因为湖里的水来自地下温泉，这为疣鼻天鹅在这里安全越冬创造了良好的环境。

疣鼻天鹅因前额有一块黑色瘤状突起而得名，其主要在中国西北地区繁殖，是我国西域特有的鸟种。一般定义下，天鹅是指大天鹅、小天鹅、黑天鹅、黑颈天鹅、黑嘴天鹅、疣鼻天鹅六个物种的统称，而西方文化中的天鹅形象通常指的则是疣鼻天鹅。在西方，天鹅常被用作比喻卓越的诗人或歌手。文艺作品中，天鹅的形象数不胜数，如安徒生的童话《丑小鸭》，童话中天鹅的高贵优雅是丑小鸭遥不可及的梦，而丑小鸭长大以后就变成了天鹅。疣鼻天鹅的幼鸟几乎全身棕灰，前额不具瘤突。两岁以后，它们就会变成纯白色，成为真正的白天鹅。安徒生创作过许多关于天鹅的文学作品，他把天鹅比作他的祖国丹麦的象征，而作为回报，1984年丹麦正式将疣鼻天鹅选为国鸟。除此之外，在其他方面，如姓氏、地名、星座的文化中，天鹅形象也常常出现。

疣鼻天鹅在英国是常见的留鸟。几世纪前，在英国，天鹅常被视为餐桌上的佳肴。为保护这优雅的动物，1981年起英国制定法律保护天鹅。除带有特殊标记的天鹅，英国其他全部的白色天鹅都归女王伊丽莎白所有，严禁捕捉，严重违反者甚至会背上罪名。英国王室为此还设立了全世界独一无二的职位——天鹅官，其职责就是守护天鹅。

疣鼻天鹅在中国的总数不过数千，但几乎全国总数一半的疣鼻天鹅都在内蒙古自治区巴彦淖尔市的乌梁素海度过繁殖期，因此这里被中国野生动物保护协会定为“中国

（毕建立/摄）

（毕建立/摄）

疣鼻天鹅之乡”。乌梁素海是内蒙古自治区西部干旱区大型多功能浅水湖泊，是我国西部水鸟迁徙的重要途经地，也是疣鼻天鹅在中国最大的繁殖地，为疣鼻天鹅提供了安全的环境和丰富的食物。

每年3月，疣鼻天鹅会如约返回故乡乌梁素海，在那里度过漫长的繁殖期。求偶期间，它们会模仿对方的动作以表达爱意，以喙互碰，两只天鹅修长的颈部则拼成了心形，这就是“鹅式比心”的由来。许多人也会把疣鼻天鹅当作做出“比心”动作的鼻祖，也因此，“比心”寓意拥有美好的爱情。疣鼻天鹅严格采取的是“一夫一妻制”，大多数疣鼻天鹅都会从一而终，是最忠贞的鸟类之一。甚至在一些美好的传说中，它们甘愿为配偶殉情。所以，相比中国传统文化中的鸳鸯，天鹅更适合作为爱情的象征。

（贾亦飞/摄）

在育雏期，为防止天敌接近巢，雌成鸟和雄成鸟的换羽期是分开的，这样能更好地保护幼鸟的安全。不管是觅食、戏水、筑巢、孵卵还是育雏，总能看到疣鼻天鹅们成双成对。它们始终形影相随，直到终老死去。

夏天，夕阳慢慢消失在乌梁素海的湖面，远处的两只疣鼻天鹅安静地划过波光粼粼的水面，身后泛起阵阵涟漪。疣鼻天鹅会在秋天离开，也会在翌年的3月再次归来。时间会代替我们记住它们的爱情。

（执笔人：东北林业大学吴庆明、张梓萱、邓文攸）

洁白无瑕的水中贵族——小天鹅

骄阳似火的夏季，即使是北极圈附近的西伯利亚苔原地区也格外温暖，小天鹅（*Cygnus columbianus*）会在这里繁殖并和自己的后代度过快乐且短暂的时光。到了9月，西伯利亚的寒风已经开始呼啸，刚来到这个世界还没

（王绍良/摄）

有几个月的小天鹅会跟随父母踏上艰苦的迁徙旅程，飞往中国的长江中下游、东南沿海及台湾地区越冬。在温暖的中国南方，小天鹅和中国人民一起度过农历新年，翌年3月再次飞回它们的西伯利亚老家。

小天鹅是国家二级保护野生动物，体长110～135厘米，体重4～7千克，嘴端黑色，嘴基黄色，全身羽毛洁白无瑕。它的外形和大天鹅非常相似，但体形较大天鹅稍小，而最容易区别二者的特征是小天鹅喙上的黄斑没有延伸过鼻孔。

为了生存，每年的8月末至9月初，小天鹅便“拖家带口”往南迁飞。纵使路途遥远，它们依然满怀期待，朝着记忆中温暖的地方前进。为了防止迷路，它们往往几个家庭组队同行，一路上飞飞停停，经过两个月左右的长途

（张荣峰/摄）

（王绍良/摄）

跋涉，在10月份抵达目的地。

鄱阳湖是我国小天鹅种群数量最多的越冬地。每到冬季，鄱阳湖进入枯水期后，埋藏在底泥中的苦草冬芽以及洲滩上苔草嫩叶、蓼子草根茎等是小天鹅最喜欢的食物。当然，鄱阳湖这个“宝地”并不是它们的专有领地，鸿雁、豆雁等也是陪伴小天鹅整个冬天的好伙伴。

聚集在湖面、草洲、沼泽地的小天鹅绵延数里，银白闪烁，是鄱阳湖边一道亮丽的风景线。洁白无瑕的小天鹅宛如水中贵族一般，有的迈着欢快的步伐“翩翩起舞”，有的伸出雪白修长的脖子“引吭高歌”，有的低头悠然自得地享受美食，俨然就是一场小天鹅界的名流聚会。这幅绝美的生态画卷，每年都会如期出现，让鄱阳湖成了名副其实的“天鹅湖”。这也吸引了大量的游客、学者以及摄影爱好者前往鄱阳湖区拍照。

小天鹅经常呈小群在草洲中和浅水湖面觅食，有的在

（肖飞跃/摄）

草洲上边走边吃；有的在湖面将头颈部没入水中，水深时还会“两脚朝天”呈倒立状，通过摆动脚蹼搅动水底泥浆来寻找淤泥中的植物块茎。傍晚时分，小天鹅会更加努力地取食。冬季的夜晚寒冷且漫长，它们必须在夜幕降临之前获得足够的食物，用以满足夜间维持体温和代谢的能量消耗。小天鹅有时也很“懒”，除了觅食，大部分时间都在休息，较少运动。这是它们越冬期的生存对策。对于野生动物来说，冬季一丝一毫的能量都非常宝贵，休息可以节省能量，减少损耗。所以，它们常常三五成群在草洲上或者浅水区趴着小憩，休息时它们会盘起洁白修长的脖颈，静静地享受着冬日的暖阳。这样惬意的生活一直持续到翌年的3月。为繁衍后代，它们会再次踏上旅途，带着对南方的不舍，沿着来时的路，返回遥远的北方繁殖地。

（执笔人：江西师范大学曾健辉、邵明勤）

三门峡亮丽的生态名片

——大天鹅

寒冬里，河南的三门峡湿地显得异常热闹，上万只大天鹅（*Cygnus cygnus*）从蒙古国繁殖地飞来齐聚于此。这些通体雪白的大天鹅举止庄重，仪态端庄，犹如“鸟中仙女”。它们时而引吭高歌，时而翩翩起舞，在水中尽情嬉戏玩耍。有时会有几只大天鹅排成长队，扇动翅膀，踩着大大的脚蹼，发出“啪啪啪”的声音，在水中助跑一段距离后腾空飞起。大天鹅的体重较大，达7千克，因此无法通

（汪莲/摄）

（吴祥鸿/摄）

过扇动翅膀直接将身体带离水面，而需要像飞机起飞那样，在水面助跑一段，达到一定速度后才能顺利起飞。与大天鹅类似，小天鹅、疣鼻天鹅等大型水鸟也需通过助跑起飞。

近几年，三门峡湿地大天鹅的数量迅速攀升，由2010年的410只，增至2014年的6317只，再增至2020年的1.5万只。2020年，三门峡大天鹅数量占同期全国大天鹅总数量的73.1%，因此，三门峡已经成为我国最大的大天鹅越冬地。三门峡的冬季既是“天鹅季”，也是“摄影季”，来自全国各地的观鸟者和摄影爱好者跟随着大天鹅的脚步来到这里观赏和拍摄大天鹅，如今三门峡已成为名副其实的“网红打卡地”。除三门峡外，青海湖、山西平陆的黄河湿地、山东荣成和陕西榆林也是我国大天鹅的重要越冬地。

三门峡大天鹅数量激增后，一些媒体开始炒作，认为三门峡生态环境质量变好了。事实真的是这样吗？科学家

（汪莲/摄）

（汪莲/摄）

第二篇 中国湿地的代表性鸟类

（程建军/摄）

研究发现，这里的鸟类数量的多少与生态环境质量没有直接相关性，三门峡鸟类数量增加的主要原因是人们种植麦苗及大量投喂玉米等饲料。食物选择经济学中的最优觅食理论认为，动物在觅食时，会选择用最小的能量消耗去获取最多的能量和营养。有了人工种植的小麦和投喂的玉米，大天鹅不需要消耗太多的能量便可以获得高质量的食物，这等好事，大天鹅岂能错过？然而，众多大天鹅聚集于小片湿地也会增加禽流感等疾病传播的风险。2015年，三门峡曾发生了大天鹅等水鸟感染高致病性禽流感病毒的疫情。研究人员推测，这次病毒感染与大天鹅聚集密度过大有关。此外，人工投喂还会导致鸟类的野外生存能力下降，威胁鸟类长期生存。因此，应管理和规范鸟类的人工投喂行为，当聚集密度过大时，应适当疏散大天鹅，以预防禽流感等疾病的发生和传播。

以前，大天鹅主要取食水生植物的种子、茎和叶，也兼食少量的软体动物、水生昆虫和蚯蚓等。然而，近些年很多地区的大天鹅开始以农作物为食，如三门峡越冬的大天鹅食物中小麦和玉米的比例达到57%；山东荣成越冬的大天鹅食物中90%以上是小麦；河南新乡越冬的大天鹅食物中80%以上是油菜。食物组成的变化表明，大天鹅对人类的依赖程度逐渐加深。食性变化可能是由于自然生境中的水生植被退化，也可能是由于大天鹅优先选择营养含量高且易获取的农作物，摸清大天鹅食物组成变化的驱动因素对于该物种的保护至关重要。

（执笔人：北京林业大学王文娟）

被现代人误读的『恩爱鸭』——鸳鸯

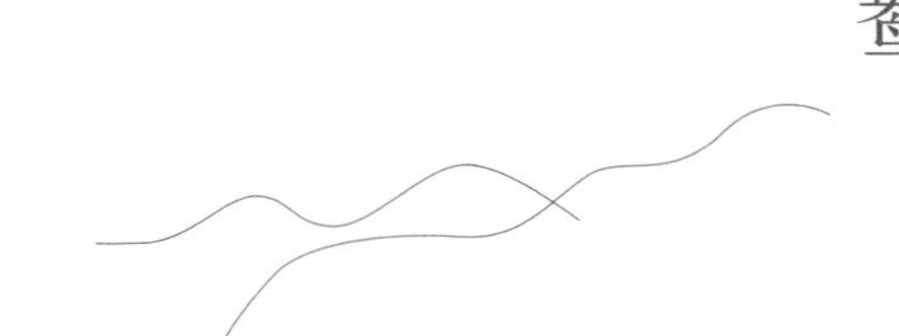

鸳鸯（*Aix galericulata*）为雌雄异色的水鸟。雄性羽色鲜艳华丽；翅上有一对栗黄色扇状直立羽，像船帆一样立于后背，在繁殖期颜色愈显艳丽，称为“帆羽”；雌性鸳鸯羽色朴素淡雅，比雄鸳鸯低调许多。鸳鸯属于游禽，脚趾间有蹼，喜活动于山地森林河流、湖泊、水塘、芦苇沼泽和稻田中，冬季多栖息于开阔湖泊、江河和沼泽地带，常出现在针叶和阔叶混交林及附近的溪流、沼泽、芦苇塘和湖泊等处，喜成群活动。

鸳鸯作为中国著名的湿地鸟类动物，人们见到的都是出双入对的。因此，自古鸳鸯在人们心中就是忠贞不渝爱情的象征，相传鸳鸯一旦结为伴侣便相守终生，即使一方死亡，另一方也不再觅新，而是孤独地度过余生，或殉情而死。也因此，卢照邻《长安古意》一诗中有“愿作鸳鸯不羡仙”的表述。

但现实真是如此吗？研究证明，鸳鸯并非是实行一夫一妻的婚配制度，也不遵守“愿得一人心，白首不相离”的痴爱誓言。鸳鸯确实有朝夕相依、形影不离之行，只不过这种“相伴不离”的甜蜜行为仅发生在求偶期，而不是

（傅定一/摄）

终生。为了繁殖，鸳鸯从南方迁到北方的繁殖地，这时雄鸳鸯与雌鸳鸯总是成双入对，在水面上相亲相爱、缠绵缱绻。它们时而跃入水中，引颈击水、追逐嬉戏；时而又爬上岸来，交颈相依，为对方细细梳理羽毛，好似一对恩恩爱爱的情侣。然而，一旦蜜月期结束，雌雄鸳鸯便会分道扬镳。孵卵、育雏等所有的工作均由雌鸳鸯单独完成。而雄鸳鸯要么与其他雄性成群活动，到隐蔽的河段换羽；要么飞回湖面开始下一轮的“招蜂引蝶”，为种群繁衍尽责尽力，转眼便能与另一只雌鸳鸯同样亲密。即使处在蜜月期间，若一方死去，另一方也会再寻觅新伴侣，丝毫不会停止繁衍的脚步，而不像传说中那样孤老终生，更不会殉情。

由此可见，鸳鸯远比人类传统文化中的爱情鸟“多情”，更换伴侣的频率甚至可以用频繁来形容，于是一些网友对鸳鸯“多情亦无情”的负面评价也出现了。但这是不客观的认知，人类不应该以自己的思维和道德标准来评价野生动物。生态学研究表明，雄性鸳鸯的“多情”是自然进化结果，也是优秀基因传承所需。雌性鸳鸯会挑选更出色的雄性鸳鸯来完成繁衍的使命，一旦无法获得更优质的后代及更高的后代存活率，鸳鸯甚至会选择主动“离婚”。并且，在雌鸳鸯飞到树洞里孵卵后，有些雄鸳鸯仍会守护雌鸳鸯和小鸳鸯，在下一次繁殖期可能也会选择同一只雌鸳鸯交配，因此鸳鸯也没有那般“无情”。应该说，这些都是动物在进化过程中形成的行为策略，未必与人类所谓的“痴情”与否有所关联，人类不应该因为动物的行为而为其贴上刻板的标签，而应该从生态和进化的角度进行客观评价。

在鸟类中，色彩华丽的一般是雄性，形态朴素的多是雌性。雄性鸟漂亮的外观可以吸引到更多雌性鸟，但也伴随着一定的风险——更易被天敌发现而被捕食。鸳鸯是早

（傅定一/摄）

（傅定一/摄）

成性鸟类，雏鸟出壳后即长满与雌鸟颜色相近的绒羽，第二天便能从树洞跳入水中，跟随雌鸳鸯游泳和潜水。雄鸳鸯艳丽的婚羽会使其群体易被天敌发现，选择远离雌鸳鸯便成为雄鸳鸯繁殖期的行为策略之一。繁殖期过后，雄鸳鸯会换下鲜艳的体羽，羽色变得与雌鸳鸯相近，帆羽的颜色也会变得相对暗淡，不那么容易被发现。这时，雄鸳鸯就像可以"隐形"的帆羽一样在雌鸳鸯和小鸳鸯群中消失了，这一在蜜月期后立刻"消失"的行为其实也是对雌鸳鸯和小鸳鸯的一种保护。正因为分工明确，才能使其后代存活率更高。这是雌雄协同作用的生存策略，是应对、适应大自然而演变出的一种生存智慧。世上不只妈妈好，爸爸同样也伟大。雄鸳鸯仿佛"隐形的翅膀"，以另一种方式陪伴着小鸳鸯长大。

（执笔人：东北林业大学吴庆明、杨雨尘、吕泓学）

陪伴人类千载的远古使者
——绿头鸭

提到“野鸭”，笔者相信，不少读者的脑海中立刻就会浮现出一只长着绿色脑袋、黄色嘴巴、橙色脚掌，还有着一圈“白项链”的鸭子的形象。事实上，在自然界超过50种的野生鸭类中，只有绿头鸭（*Anas platyrhynchos*）的雄鸟形象才符合上面的描述。

（益西次里/摄）

（傅定一/摄）

和其他野鸭一样，绿头鸭也是雁形目鸭科的一员。在鸭科这个大家庭中，成员外形各有特色，行为复杂多样。那么，绿头鸭究竟是如何脱颖而出，成为人们心目中最具代表性的野鸭呢？一个重要原因是它们其实并非我们想象中的那样“不近人情”，我们早已与这种鸟儿结下了不解之缘。

家鸭作为一种我们司空见惯的家禽，为我们贡献着肉、蛋、绒羽等资源。而如果对它们“寻根问祖”，我们会发现，斑嘴鸭、白眉鸭、疣鼻栖鸭等，都可以称得上家鸭的祖先。然而，要论它们最重要的野生祖先是谁，绿头鸭可谓当之无愧。

那么，这样一种“野”鸭，是什么时候、以何种方式被人类驯化成了家禽呢？通过基因测序推演得出，在距今约2200年的新石器时代晚期，东亚和东南亚的先民最先开始了对它们的驯化。人们通常会趁它们忙于繁殖之际，以收集鸭卵、潜水捉鸭、捕捉换羽鸭等方式，将它们“请”到身边，进行饲养繁殖。约100年后，对于这些最早的家鸭，便朝着两个方向进行选育：培育出肉鸭和蛋鸭。随着时代的发展和人类需求的不断增加，家鸭的品种层出不穷。如今家鸭品种多样，大大丰富了我们的物质生活，而我们的老朋友绿头鸭可谓厥功至伟。

然而，绿头鸭的基因贡献并未画上句号。在家鸭的选育史上，曾发生过多起绿头鸭基因加入的事件。绿头鸭和家鸭之间始终存在着频繁的基因交流！利用野生原种的基因往往是驯化品种日趋退化的基因的“救命良方”。故而，在现代家鸭育种过程中，科研工作者们常常将目光投向野生绿头鸭，利用它们的优良基因培育出体形大、生长快、

（谭文奇/摄）

肉蛋产率高的家鸭新品种。绿头鸭的基因至今仍在为家鸭品系的维持“保驾护航”。

但绿头鸭如果只是作为一种家禽的野生祖先而存在，那么绿头鸭与人类的关系也谈不上多么紧密。恰恰相反，它们仍在以野生动物的姿态活跃在我们身边。出色的适应能力使它们能够分布在多种生境中并忍受较为强烈的人类干扰。它们也因此得以利用多数水禽无法利用的湿地环境，成为城市公园、景观湖、水库等人工湿地环境中最常见的水鸟之一。

当然，绿头鸭作为一种野生鸟类，对湿地生态系统本身而言，同样也是重要的一份子。数据显示，在许多地区的湿地环境中，绿头鸭都是无可争议的优势鸟种。它们也与湿地中的其他生物存在着各种各样的联系。芦苇等大型挺水植物是绿头鸭栖身筑巢的安乐窝；它们与“近亲”——同属于河鸭类的斑嘴鸭、针尾鸭等在行为策略上各有异同，存在一定程度的竞争，彼此也相互制衡；而对于对绿头鸭较为不友好的“远亲”红头潜鸭、凤头潜鸭等“潜水专业户”，绿头鸭也会加以利用，将它们视为环境良好的“指标”，择水而栖；而对于部分猛禽而言，绿头鸭也是它们重要的营养来源。在城市“绿洲”的健康运行方面，绿头鸭更起到了显著的串联作用。

如今，面对城市化进程的加速，绿头鸭这一陪伴我们走过千载春秋的生灵仍在向我们展示着在人类的保护与利用下湿地鸟类的生存智慧！

（执笔人：东北林业大学吴庆明、林伟钦、孙雪莹）

曾经的湿地常客
——青头潜鸭

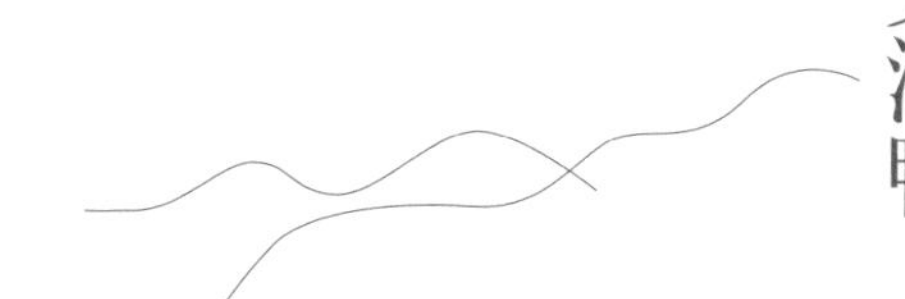

“世界极危物种青头潜鸭，成都平原记录到12只，为历年之最。”2022年1月，一小群青头潜鸭在成都平原的出现引起了不小的轰动。那么，是什么造就了它拥有如此之高的关注度呢？

青头潜鸭（*Aythya baeri*）曾广泛分布于东北亚至东南亚的广大地区，与世无争地栖息于河流等湿地环境

（汪莲/摄）

（傅定一/摄）

中。时过境迁，目前全世界青头潜鸭种群数量已经锐减到1000只左右。中国是全球90%以上的青头潜鸭的主要繁殖地和越冬地，其种群数量的剧烈变化使得该物种成为广受关注的“濒危鸟种”。

这位曾经的湿地常客到底是“何方神圣”？青头潜鸭是一种潜水游禽，其貌不扬的它上体呈黑褐色，腹部白色，其朴素的造型对其野外识别造成了不小的难度。青头潜鸭机警胆小，很少鸣叫，大多数时间在芦苇丛后面成群活动，偶尔在空旷的水面快速游泳或潜入水中寻觅水生植物和鱼虾。

在觅食与繁殖的驱动下，青头潜鸭与其很多雁形目的

“亲戚”一样，也会随着季节的变化而迁徙，有较固定的繁殖区和越冬区。青头潜鸭的繁殖季节为5～8 月，它们倾向于在湖泊岸边搭建地面巢，也有少数个体的巢筑于莲藕和芦苇丛中。大家或许都听过大杜鹃“狸猫换太子”的故事，大杜鹃不仅喜欢“借巢产卵”，还会对意图伤害它后代的“义父”“义母”伺机进行报复。这为我们展现了鸟类世界中常见的巢寄生现象。鸟类研究者发现，青头潜鸭也存在不完全的巢寄生行为，它们不仅自行筑巢产卵繁殖，有时也会巧妙地将卵产于其他鸟类的巢中，被寄生的鸟类物种有红头潜鸭和赤膀鸭等。

青头潜鸭曾将东北的松嫩平原作为重要繁殖地和迁徙停歇地。每年的3月末4月初，它们会大批迁到松嫩平原的吉林向海国家级自然保护区，在这里停歇和繁殖，因此向海作为其重要的繁殖地及迁徙停歇地也受到了国际上的广泛关注。同样，黑龙江扎龙国家级自然保护区湿地作为松嫩平原极具代表性的湿地，也曾记录到约200只青头潜鸭个体栖息于冰水结合带。但目前，松嫩平原的青头潜鸭的种群数量已经很少，亟须开展种群及其栖息地的生态恢复。

河南省民权湿地作为青头潜鸭重要的分布区，其越冬种群数量达到158只，黄河流域的这块湿地也因此一跃成为河南省唯一的国际重要湿地。在这里调研的研究者曾观察到青头潜鸭一些有趣的行为现象：在越冬期，青头潜鸭用在个别行为上的时间与其他鸭种存在明显的差异，比如，静止停歇和寻觅食物；不同性别的青头潜鸭用在休整和运动等行为上的时间也存在明显不同。为什么雄性个体白天休息得更多，是为了夜间觅食还是为了节省能量？影

（傅定一/摄）

响青头潜鸭雌雄个体在冬季行为上差异的因素是什么？这些问题至今还没有找到答案。

青头潜鸭的生存能力和繁衍能力都非常出众，但它们在很多地方的种群数量却一直未见明显增长。究其原因，是栖息地破碎化，还是人类活动影响，抑或是青头潜鸭自然的遗传障碍？这些问题都有待科学家们的解答。

近年来，我国保护青头潜鸭的呼声、行动、科研工作等都与日俱增，青头潜鸭也成为湿地鸟类保护的一个旗舰物种。我们有理由相信，随着珍稀濒危物种调查与监测体系的构建及全社会关注和保护濒危水鸟良好氛围的形成，我国青头潜鸭将走出濒危困境。

（执笔人：东北林业大学吴庆明、李嘉轩、孙雪莹）

守护山溪的跳水运动员
——中华秋沙鸭

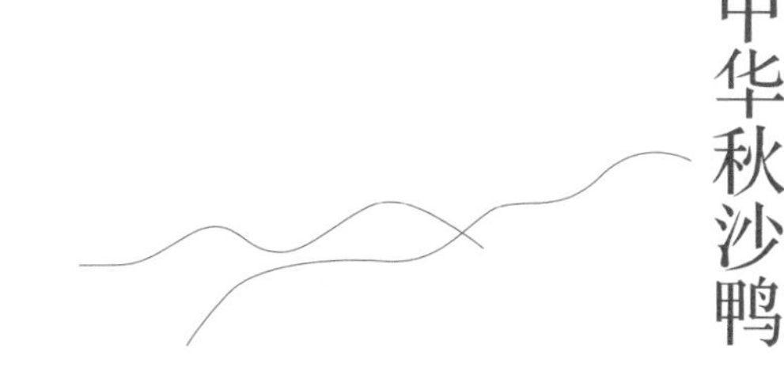

阳春四月，冰雪消融、万物争春之际，神州大地处处生机勃勃。中国东北部的一片宽阔的湖面，阳光慵懒地洒在其上，湖水波光粼粼，湖边矗立着些许古树，柳树的枝条随风飘拂；远处的森林里有错落有致的乔木，有低矮的灌丛，同样也有着一群具有勃勃生机的小生命。湖面上星星点点地分布着几只鸭子，如果不仔细看，我们可能会以为是普通秋沙鸭，但是从它们身体旁侧的鳞纹、尖尖的喙、头部厚实的羽冠来推测，它们便是传说中的神州第一鸭——中华秋沙鸭（*Mergus squamatus*）。

中华秋沙鸭为我国特有物种，国家一级保护野生动物，被IUCN列为濒危物种，已生存一千多万年，被誉为“水中活化石”，因其对于生存环境条件的要求极高，故又被称为“生态环境的风向标”。

每年春季，中华秋沙鸭都会从南方迁徙到此。它们会在这里寻找“真爱”，为家族开枝散叶。一只渴望得到异性关注的雄鸭不停地在雌鸭群前兴奋地来回游动，它一会儿抬起头颅，一会儿将头沉到水中，接着纵身一跃，跃出水面，飞快地扇动双翅，如此反复，奋力地展示着自己的

（汪莲/摄）

魅力。可惜，它面前的雌鸭不为所动，显然它不是这只雌鸭的“真命天子”。因为不远处，她被另一只适龄雄鸭深深吸引了。竞争者找准机会，猛冲到雄鸭面前，用嘴撕咬着它，用翅膀拍打着它。经过一番激烈的斗争，竞争者取得胜利，雌鸭也被它的“英雄气概”折服。游到这个后来的“小伙子”身后，用喙轻轻叼住它的右翅，再游到它前面，竞争者立刻给予回应。在一段交流过后，它们完成了爱的使命，共同在水面上旋转，开启了孕育下一代的历程。而失败者只能选择默默离开，去寻找下一个“真爱”。

这对新婚夫妻开始了寻巢之旅。它们是幸运的，仅仅用了一天时间便找到了溪流边上位置合适的柳树洞，大小刚好够鸭妈妈孵卵，高度也很适合雏鸟破壳后跳出去探索世界。这是树洞营巢的中华秋沙鸭不同于地面营巢的其他鸭种所具有的技能，跳水是中华秋沙鸭宝宝探索世界的第一步。在这之后，中华秋沙鸭爸爸或许会在巢区外默默守护，却不需要参与到孵卵和育雏的工作中。产卵后的中华秋沙鸭妈妈是严谨的妈妈，她会将卵整齐排列，用绒羽严密覆盖，对每一个即将出生的鸭宝宝悉心呵护。

一个月后，在中华秋沙鸭妈妈的帮助下，小鸭子们离开温暖的巢穴，开始探索外面的世界。它们嬉笑打闹，互相叼啄，在湖里畅游。随着时间推移，大地披上了一件金黄色的外衣，湖边杨树枯黄的树叶好像蝴蝶在空中飞舞；中华秋沙鸭一家也到了该离开的时候，它们将飞往比此处更加温暖的南方越冬地。

中华秋沙鸭家族对栖息地的要求非常高，主要栖息在溪流洁净、鱼类资源丰富、大树环绕、环境宜人的河流、

（汪莲/摄）

湖泊中。有中华秋沙鸭出现，意味着该地的生态环境非常好，所以，中华秋沙鸭又有着“生态试纸”的美誉。中华秋沙鸭是否能持续在某个栖息地生存不仅是对当地生态环境的考验，更是对我国生物多样性保护、生态文明建设工作的考验。

虽然现在的中华秋沙鸭依旧存在于濒危物种红色名录中，但相信随着我国野生动物保护工作的不断完善，以中华秋沙鸭为保护对象的湿地环境将变得越来越好，人类成功塑造环境美丽、生态友好、功能完善、文化永续的生命共同体也将指日可待。

（执笔人：东北林业大学吴庆明、郑斯尹、吕泓学）

（程建军/摄）

鸨形目

求偶场的虎斑圆球——大鸨

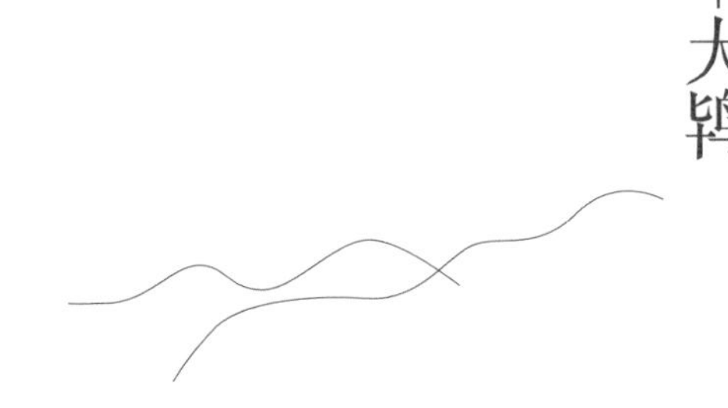

在波状起伏的草原岗地坡底，几十只大鸨（*Otis tarda*）聚在一起。这里是它们特定的求偶场，开阔的环境更有利于雄性大鸨展示自己。雄性大鸨的求偶炫耀行为在整个繁殖季节都有，但主要集中在繁殖初期。求偶炫耀时，雄性大鸨头部昂起，目光直视前方，张开的翅膀和身体膨胀得像个圆球，白、黑、褐、锈红等羽色形成美丽的线条和色块，远远看去如同一个“虎斑圆球”。

大鸨平时并没有强烈的领域行为，但在求偶炫耀时雄性大鸨为了争夺配偶，会占据一定的领域范围，并会和其他雄性大鸨展开殊死搏斗。雄性大鸨在格斗时两翅半展，全身羽毛蓬松，发出叫声。格斗的胜利者能获得与雌性交配的权利，而战败者则会被驱赶出求偶场，这就是竞争的残酷性。雄性大鸨在求偶期间十分殷勤，竭力展示英姿，但一旦完成交配，便结成小群在繁殖地附近游荡，不再参与孵卵和育雏。

《诗经 · 唐风 · 鸨羽》中“肃肃鸨羽，集于苞栩”“肃肃鸨翼，集于苞棘”“肃肃鸨行，集于苞桑”等诗句就是对大鸨振翅和栖息的观察描述。大鸨是国家一级保护野生

（程建军/摄）

动物，民间称为“地鵏”。该物种在北半球欧亚大陆广泛分布，种群数量在3万只以上。大鸨分为两个亚种，即指名亚种和东方亚种。在我国，指名亚种繁殖于新疆，少量为当地留鸟；东方亚种在我国东北及内蒙古地区繁殖，越冬于辽宁、河北、山西、河南、山东、陕西、江西、湖北、福建等省份，少数为留鸟。

大鸨体长约1米，雌鸟体重约5千克，雄鸟则达到10千克左右，雄鸟比雌鸟重了一倍。由于体形上存在巨大差异，民间曾以为它们是两种鸟，把雌鸟叫“石鵏”，把雄鸟叫“羊须鵏”。因为大鸨很重，所以，它们需要在地面助跑才能顺利起飞。大鸨褐黄色的背羽中分布着细密而复杂的黑色粗纹和虫蠹状黑斑，类似虎纹、豹纹，具有迷彩保护色功能，以使它们不轻易被天敌发现。

大鸨指名亚种的数量可观，但东方亚种的种群数量不

（王榄华/摄）

到2000只。除被捕猎的压力外，栖息地丧失也是威胁大鸨生存的重要因素。近年，黄河三角洲的大鸨数量不断下降，大鸨面临的主要威胁包括草地开垦、农田耕作类型改变、农药使用及人为活动干扰等。为保护大鸨，我国已经建立了以大鸨及其栖息地为主要保护对象的内蒙古图牧吉国家级自然保护区、黑龙江明水国家级自然保护区等。大鸨曾在英国多处可见，但其生存因猎杀和农业生产方式改变而受到严重影响。1832年，大鸨在英国区域性灭绝。为了让英国民众再次见到大鸨的风采，1900年到1990年，英国从世界各地引入大鸨，但是都失败了，直到2004年到2014年才成功从俄罗斯引入大鸨并开始重建野生种群。

（执笔人：江西省科学院周博）

（郭红/摄）

鹤形目

憨憨的美丽鸟
——紫水鸡

2000年11月，云南鹤庆草海湿地飞来了成群的彩色大鸟。村民惊奇，老少前来围观，懂行的人将其认出来了，这些漂亮的大鸟名叫“紫水鸡”（*Porphyrio poliocephalus*）。

发源于丽江玉龙雪山的漾弓江向南流进鹤庆盆地，形成河流蜿蜒、土丘起伏、水草丛生的湖泊湿地，俗称“草海”。游湖对歌，龙舟比赛是世居当地的白族群众的传统民俗活动。或许是由于这里自然的优美和民风的和谐，紫水鸡成群结队地迁飞到这里。

在鹤庆湿地，紫水鸡3只或10只为一群，栖息在生长着芦苇茭草丛的浅水湿地里，白天多隐藏在草丛中，清晨和傍晚四处活动，在水边、漂浮植物中或稻田中自由觅食。

在湿地上活动的紫水鸡憨厚可爱。它们有时身子前倾，抬起暗红色或浅黄色的长腿，露出4个细长的脚趾，在倒伏的草垫上一步一点头地向前搜寻，不时啄起食物。紫水鸡采食植物的根、茎、叶、花、种子，喜食嫩枝、块茎，有时也采食小型鱼虾、昆虫、蜘蛛、其他鸟类的蛋或

（程建军/摄）

雏鸟。它们啄食小龙虾的场面极为惨烈，它们会用脚趾抓住小龙虾，撕碎，吞食，或用喙叼着小龙虾在石块上、大树根旁摔打，弄碎再吞食。

紫水鸡属于中型涉禽，站立时身高为40～50厘米。头顶、后颈灰褐色至紫色，额甲宽大并呈橙红色。后颈部、背部到尾部，胸部，腹部呈紫色、蓝紫色、蓝绿色，十分美丽。最引人注目的是其黑褐色稍带蓝绿色的尾羽下面的一团纯白的尾下覆羽，或舒张或收缩，像是在逗引异性，又像是在警示敌害。

在多只紫水鸡忙着取食的同时，旁边有一两只紫水鸡立在那里，东张西望，好像在放哨。它们一旦发现异常，就发出响亮的“咯咯”或“咕噜”，大伙则躲入草丛深处。如遇到突然袭击，它们就大声嘶叫，奔跑躲避，或者滑翔

（吴兆录/摄）

并飞到30多米以外的地方，回过头来张望。

紫水鸡在中国属于留鸟，繁殖能力强。进入夏天，5月开始，鹤庆草海的紫水鸡就开始筑巢育雏了。在湿地中部的大柳树上，它们夫妻同心，叼来树枝、干草，建造新房，产卵育雏。一对夫妻产4~5枚卵，将近30天就有雏鸟破壳。满身黑绒绒的雏鸟逐渐长大，一家子会在草地上啄食，雏鸟会在浅水里练习划水。20多天以后，它们就融入芦苇丛中的紫水鸡群。

紫水鸡广泛分布在欧亚大陆，分化成13个亚种。中国有云南亚种和华南亚种，呈东西替代分布。华南亚种头顶棕褐色，上体黑褐色，后颈羽的羽端为棕色，台湾、福建、广东、海南、广西、贵州、湖北均有记录。云南亚种分布在贵州西部、云南大部分地区、四川西部、西藏东南部等地。

生活在云南的紫水鸡经历过家园中心迁移。通过早期的鸟类调查，仅在云岭—哀牢山一线北段的西侧、南部地区发现过紫水鸡。随着浅水湿地明显消失，水稻田大幅度减少，特别是冬季作物种植增加，紫水鸡家园破碎。2000年，它们无奈地离开原来的繁殖地，迁移到云南西北部的鹤庆、剑川、洱源、大理一带。仅在剑川的剑湖，就记录到紫水鸡1400多只。后来，它们又向东扩散。在昆明滇池，2012年记录到紫水鸡1只，2021年记录到16只。

（吴兆录/摄）

（吴兆录/摄）

让人高兴的是，我国湿地已得到全面保护，紫水鸡也被提升为国家二级保护野生动物，被列入2021年颁布的《国家重点保护野生动物名录》。在国家法律的护航下，憨憨的、美丽的紫水鸡开启了灿烂的新生活。

（执笔人：云南大学吴兆录）

千里奔袭的湿地『舞者』

——白鹤

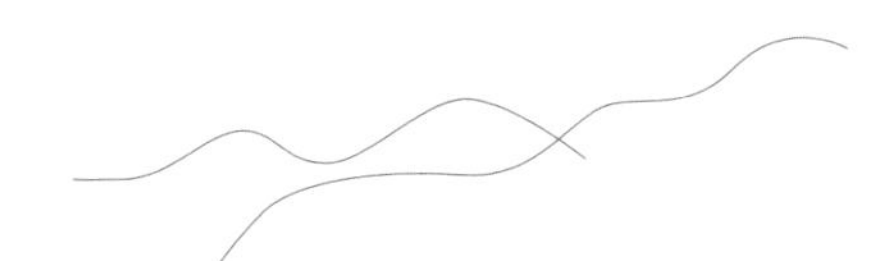

冬季的鄱阳湖寒风凛冽，但南昌市鲤鱼洲五星白鹤保护小区里却显得热闹非凡。来自遥远的西伯利亚繁殖地的白鹤（*Grus leucogeranus*）把保护小区里的藕塘挤得满满当当，它们有的在埋头取食，有的在高傲地抬着头环视四周。不时有个体为争夺有限的地盘大打出手，不论胜负，双方都会朝着对方上下甩头并大声鸣叫，好像都在宣告着那里是自己的领地。其他白鹤也随声附和，引得藕塘一阵躁动。

（王绍良/摄）

（王绍良/摄）

白鹤，正如其名，站立时通体白色，只有振翅时才会露出它黑色的初级飞羽黑白分明，前额、喙和腿则呈暗红色。不同于它们的父母，幼鹤的羽毛呈棕黄色，所谓的黄鹤其实就是白鹤的幼体，幼鹤待到成年才能换上和它们父母一样洁白无瑕的羽毛。

白鹤全球种群数量约5600只，是国家一级保护野生动物，也是全球濒危物种。全球白鹤可分为东部和西部两个繁殖种群，分别繁殖于俄罗斯东部和西部。西部种群由于在迁徙过程中被狩猎和栖息地丧失，目前数量极低。东部种群主要在俄罗斯西伯利亚的东北部繁殖，种群数量相对稳定，冬季则会迁徙到我国长江中下游越冬。江西鄱阳湖是它们越冬的最主要区域，约85%以上的白鹤选择在鄱阳湖度过冬天。白鹤沿着迁徙路线，一路南飞至鄱阳湖，约有5100千米，这是真正意义上的“千里奔袭”。

冬季的鄱阳湖正处于枯水期，大量的洲滩露出，不久便长出大量的植物，宛如绿色的大草原。苦草蓼子草、老鸦瓣、下江委陵菜等是白鹤最喜爱的食物，但它们并不挑食，稻谷、莲藕也是它们的食物，有时它们甚至还会取食一些贝类和鱼类。白鹤在自然生境中通常集小群活动，或是以父母带着幼鸟的家庭群形式活动。成鹤会对幼鹤特别照顾，还未熟练掌握挖掘植物根茎技能的幼鹤会站在父母身边不时发出乞食鸣声，父母则会把费劲挖出的食物主动递给幼鹤。

2012年至今，越来越多的白鹤离开自然生境，前往如五星白鹤保护小区的藕塘、稻田等人工生境中觅食，这也给我们近距离观察白鹤提供了机会。白鹤个体之间经常会起争端，它们会展翅飞起后用足踢向对方，落地后高傲

（王绍良/摄）

（张荣峰/摄）

地朝对方上下甩头，有时在甩头之后还会把头埋入一侧翅下。这些行为被人们认为是在跳舞，因此白鹤有着湿地上的“舞者”的称号，但“武者”可能比“舞者”更符合实际。

白鹤会在鄱阳湖停留5个月，3月初开始向北迁飞，其中一些不参与繁殖任务的幼鹤会对鄱阳湖特别留恋。有些个体会一直待到5月中旬，这让它们为后续的迁飞积攒充足的能量。白鹤与江西鄱阳湖儿女结下了深厚感情，深受他们的喜爱。2019年9月，白鹤从江西省570多种鸟中脱颖而出，被选为江西省的“省鸟”。

（执笔人：江西师范大学曾繁富、邵明勤）

湿地深处觅家园——白枕鹤

白枕鹤（*Grus vipio*），古称“鸧鹤”“鸧鸡”，因其面颊裸露皮肤为红色也被称为“赤颊”。《清宫鸟谱》中亦有绘制的白枕鹤图。古时人们对鹤类的关注由此可见一斑。

（曹阳/摄）

（贾亦飞/摄）

从现代动物分类学角度来说，白枕鹤属于鸟纲鹤形目鹤科的一种大型涉禽，体长120～150厘米，是一种典型的湿地水鸟。全球白枕鹤的种群数量为6000只左右，分为东西两个种群。白枕鹤主要在达乌尔区域、黑龙江流域和乌苏里江流域边缘的广大地区繁殖，涉及俄罗斯、蒙古和中国三个国家，其越冬地在中国、朝鲜、日本和韩国。大部分白枕鹤会在日、韩越冬，而其西部种群则南下至我国长江中游地区越冬，且几乎都集中在鄱阳湖地区。全球水鸟种群统计的数据显示，中国越冬的白枕鹤种群数量自2002年（估计为4000只）开始明显下降，到2011年数量已下降至1000～1500只。因此，在2021年我国《重点保护野生动物名录》更新时，白枕鹤升级成为国家一级保护野生动物。

近年来，国内外研究者和保育人员对白枕鹤的关注日

（贾亦飞/摄）

益增加，尤其是对在我国种群数量快速下降的西部种群。为弄清楚该种群数量快速下降的原因，我国研究者与蒙古国及国际保护机构工作人员开展合作，利用卫星跟踪技术，对白枕鹤的迁徙路线进行了跟踪研究。研究发现，每年春、秋迁徙季，白枕鹤会在我国内蒙古多伦县境内湿地中停歇，时间超过20天，种群数量超过1000只，占在我国越冬的白枕鹤数量的80%以上。

早在20世纪90年代初，日本东京大学已经利用Argos卫星定位和跟踪技术对白枕鹤的迁徙进行研究。那时的研究结果表明，我国的渤海湾湿地是白枕鹤重要的迁徙停歇地。20多年后，北京林业大学、国际鹤类基金会和蒙古国科研人员一起，用先进的全球定位系统和移动网络相结合的方式跟踪，并利用野外调查和跟踪的数据计算停留时间和活动区范围等关键因素，确定白枕鹤在我国最

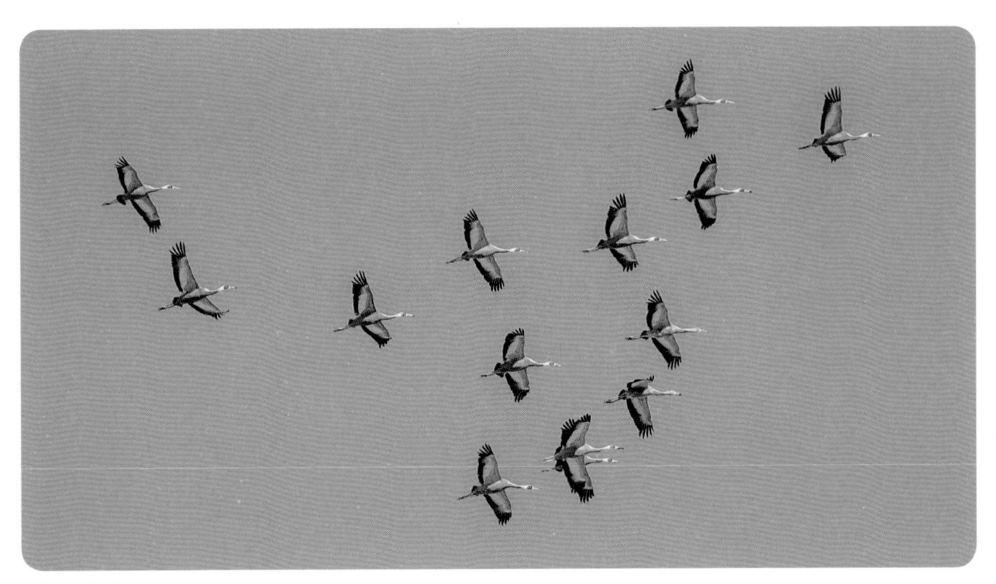

（曹阳/摄）

重要的迁徙停歇地变为了内蒙古自治区的多伦县、正蓝旗与河北省沽源县之间的闪电河流域湿地。这二十多年间，我国黄渤海滨海湿地的土地利用情况发生了巨大的变化，围填海工程建设使天然潮间带滩涂大量减少，约三分之二的滩涂已经消失。不难猜想，适宜栖息地的消失让白枕鹤改变了固有的迁徙路线。在这一过程中，白枕鹤种群数量的减少也可想而知。

当然，一个物种受到威胁，导致其种群数量快速减少的原因绝不是单一的。更重要的是为了保护这个物种，人们将做出怎样的决策和采取怎样的行动。而正确的决策和行动往往建立在科学研究的基础上。最新的研究发现，闪电河流域湿地成为了白枕鹤重要的迁徙停歇地，这可以帮助人们制定出更加合理的保护策略。

（执笔人：北京林业大学贾亦飞）

飞越喜马拉雅的白眉大侠
——蓑羽鹤

蓑羽鹤（*Grus virgo*）又名“闺秀鹤”，是世界现存15种鹤中体形最小的一种。全身蓝灰色，头、颈、胸部则呈现不同深浅程度的黑色，红色眼睛之后延伸出去的白色耳羽簇飘逸，颈部的黑色羽毛悬垂着仿若绅士的领带。它虽然性格羞怯，但环境适应能力强，在开阔的平原草地、半荒漠和高原湖泊、草甸等各种环境都可以生存。从大草原远处观察，它总是闲庭信步，优雅地漫步、捕食，走动时耳羽不会服帖地紧挨身体，而是飘逸地向着各个方向飞扬，优雅气质中平添几分桀骜不驯，兼具侠气与从容不迫，与武侠小说中的“白眉大侠”有几分相似。

全球蓑羽鹤的种群数量在17万~22万只，但种群整体数量呈下降趋势。其繁殖地从乌克兰南部到俄罗斯南部、哈萨克斯坦、吉尔吉斯斯坦，横跨蒙古国到中国东北部，以及覆盖草原和半荒漠的欧亚大陆中部地区。我国内蒙古自治区等地是其繁殖地之一，偶尔在湖北、河南、江西、安徽等地也有越冬记录。

在我国繁殖的蓑羽鹤每年9~10月会飞越喜马拉雅

（郭红/摄）

山，去往印度次大陆——阿拉伯海沿岸的拉贾斯坦邦和古吉拉特邦越冬。但在1958年之前，没有任何关于鹤类穿越喜马拉雅山脉的报道。虽然那时人们知道，有很多迁徙的鸟冬天在印度平原越冬，夏天在西藏等地繁殖，但普遍认为鸟类会穿过峡谷，从海拔更低的地方穿越喜马拉雅山。1958年秋天，季风季节来临前，日本阿尔卑斯俱乐部派出两队勘测人员前往喜马拉雅山，为第二年攀登该山脉做准备。勘测人员观察到大天鹅群体会和季风一道光临喜马拉雅山。1969年秋天，另一组勘测人员目睹了蓑羽鹤的鹤群飞越喜马拉雅山，并拍摄了相关照片。同年10月，德国鸟类学家约亨·马滕斯观察到近3万只蓑羽鹤穿越喜马拉雅山，并于1971年在联邦德国的鸟类学杂志上刊登了他的发现。1995年10月，日本野鸟协会分别在俄罗斯道尔斯基自然保护区、蒙古国霍夫特地区和哈萨克斯坦的科帕地区为三只蓑羽鹤戴上了卫星发射器，以追踪其迁徙过程。追踪发现，从俄罗斯和蒙古国出发的蓑羽鹤会途经青海湖、巴尔库拉湖和塔克拉玛干沙漠东部的边缘地区。在这些地方稍作休息后，这些消耗了大半体力的蓑羽鹤又要对迁徙途中最后的也是最危险的阻碍——喜马拉雅山脉发起冲锋。而从哈萨克斯坦出发的蓑羽鹤则绕行过天山山脉和昆仑山脉，抵达巴基斯坦停歇地，经过休整后再飞往印度的越冬地。

迁徙途中，蓑羽鹤队伍中最强壮的个体作为头鹤，承受最强的气流和飞行的阻力，队伍呈“人”字形以最大限度地减少飞行阻力。老鹤和幼鹤被留在队伍末尾，这样可以极大地降低其飞行阻力。日本勘测人员经过多年观察发现，蓑羽鹤的出现总是伴随着季风的消失，因此可以通过观察蓑羽鹤的迁徙行为来推测天气状况。于是，1976年，登山者在观测到蓑羽鹤的身影后，随即展开对玛纳斯卢峰的征服，最终成功登顶。日本鸟类学家宫内顺一认为，在经过长途跋涉之后还能穿越高耸的喜马拉雅山脉，是因为在飞行过程中蓑羽鹤选择了基本不费任何力气的滑翔。在南飞过程中，蓑羽鹤群常遇到强劲的气流。这时，“人”字形队列会被冲开，它们会选择螺旋上升的方式飞行20～30分钟，到达西风层后又重新成队，继续赶路。而除了要面对恶劣的环境，它们的天敌金雕也会在其迁徙途中伺机而动，俯冲而下将鹤群冲开，捕食掉队的“老弱病残”。如此严酷的迁徙条件下，每年大约5万只穿越喜马拉雅山的蓑羽鹤中就有1万多只会在喜马拉雅山脉北麓丧命。

蓑羽鹤艰辛的南迁历程已为人们所熟知，可它们从南向北的迁徙旅途中仍有不少未解之谜，期待更多的深入研究能揭晓“白眉大侠”迁徙途中惊心动魄历程的种种谜底。

（执笔人：东北林业大学吴庆明、霍婷、田一柳）

拥有生存智慧的文化鸟
——丹顶鹤

有这样一种鸟：声闻于野，多繁殖于洁净而开阔的芦苇沼泽中，湿地周边的农田也是它春秋迁徙季偏好的觅食生境，位于齐齐哈尔的黑龙江扎龙国家级自然保护区是它在世界上最大的繁殖地。它，就是丹顶鹤（*Grus japonensis*）。

说起丹顶鹤，大家自然而然会联想到松鹤延年图、剧毒鹤顶红、白居易的“低头乍恐丹砂落，晒翅长凝白雪消”，等等。那么，丹顶鹤到底是怎样一种鸟，又有着什么样的生存智慧呢？

丹顶鹤可以说是我国历史最悠久的文化鸟。从三千年前的先秦时期中国最古老的诗歌总集《诗经》开始，丹顶鹤就已凭借健美俊逸的体态、典雅优美的舞姿、善鸣喜静的行为，成为人们心目中“吉祥、长寿、幸福、忠贞”的象征，启迪着人们对真善美的追求与创造；经过悠久的历史沉淀和全方位的文化渗透，在我国凝结出颇具东方民族特色内涵的、极为丰富的鹤文化。

其中，最广为人知的是中国的“松鹤延年”图。松鹤延年，顾名思义，画中内容为丹顶鹤站在松树上，寓意

（蒋胜祥/摄）

“吉祥、长寿”。但这幅寓意美好的图却并不科学，包括丹顶鹤在内的全世界15种鹤均为地栖鸟类，而非树栖鸟类。它们的趾型均为“前3后1”型，后趾高位短小，与前三趾不共面，不具有抓握功能，难以在树上站立栖息。有这样的美好寓意也许是丹顶鹤千百年间得以被保护下来的一个重要因素。

关于剧毒鹤顶红，传说中为“有剧毒，作鸩酒，服之即死”，其实也不然。《本草纲目》中早有记载：“鹤血气味咸平无毒。”武侠小说中的鹤顶红实则为不纯的三氧化二砷，也就是砒霜，“鹤顶红”为古时候对砒霜隐晦的称法。那么，真正的鹤顶红是什么呢？显微观察发现：丹顶鹤的丹顶是皮肤特化成的裸露的乳头状突起，乳头真皮浅层内含有大量的毛细血管丛及血窦，毛细血管丛及血窦内可见聚集成堆的卵圆形的血红细胞，正是这些血红细胞保持着丹顶鹤的鹤顶红。鹤顶红不是丹顶鹤所独有的体态特征；在丹顶鹤不同生活时期，鹤顶红的面积大小、颜色深浅不同。只有性成熟后，鹤顶红才最具魅力。值得一提的是，鹤顶红在丹顶鹤的繁殖生存中具有不可替代的作用，即鹤顶红是其繁殖期发情求偶最有吸引力的体征，丹顶鹤以此来获得异性的芳心；其更是繁殖期领域维护时的主要威吓性部位，以其来警示、恐吓一切来犯之敌。丹顶鹤具有这种美观的既能御敌又能求偶的进化特征也许是丹顶鹤得以生存并深受民众喜爱的另一个主要原因。

仅有鹤顶红不足以吓退来犯之敌，还得有让敌人闻风丧胆的“武器”。对于丹顶鹤这种拥有“三长”特征的大型湿地涉禽而言，长长的颈和长长的喙好比一杆长矛，长长的腿犹如一柄三齿钉耙，组合起来就是丹顶鹤所向

（曹阳/摄）

披靡的利器。笔者观察到：对丹顶鹤的“三长”利器，连狐狸也无可奈何；狐狸瞄准鹤卵进攻，大都会被飞跃在空中的带着“三长”利器的丹顶鹤扑退。丹顶鹤虽不是猛禽，不具钩嘴利爪，但其长喙和脚趾足以让狐狸遍体鳞伤、图谋难成，更别说和丹顶鹤同域分布的其他小型动物了。

然而，不论何种野生动物，其能生存下来的秘诀并不是其有多么强悍的利器。因为再强悍的利器，在人类面前都显得非常渺小。相对攻击而言，躲避才是动物真正的生存之道。丹顶鹤一窝只有两枚卵，调查研究发现，大面积的健康芦苇沼泽不仅能为丹顶鹤的繁殖提供较好的隐蔽，更能为其孵卵和育雏提供适宜的条件和充足的食物资源。丹顶鹤繁殖期的领域面积约为1.3平方千米，相当于半径约为680米的圆形面积。笔者的测试显示出，处于繁殖状态的野生丹顶鹤在人距其巢大约1千米时，就已发现而离开巢区；而丹顶鹤孵卵用的巢，目视距离超过30米时就很难被发现。所以，丹顶鹤在广阔的芦苇沼泽营巢孵卵，不仅有隐蔽作用，还能利用体长优势及早发现远距离的外来干扰者并及时远离巢区，这是丹顶鹤繁殖期主要的生存策略。

虽然有很多的生存策略，但丹顶鹤的野生种群数量情况并不乐观。对丹顶鹤的保护仍需要密切关注，更需要大家共同努力。保护了芦苇沼泽，就保护了丹顶鹤，更保护了以丹顶鹤为旗舰种的生物多样性和生态系统。

（执笔人：东北林业大学吴庆明、涂雅雯，黑龙江扎龙国家级自然保护区管理局徐卓）

森林湿地的神秘修女——白头鹤

“白头鹤，黑衣裳，翩翩起舞恋故乡……这片山，这片林，这片湿地水汪汪……”这两句简短的歌词完美地说明了白头鹤（*Crus monacha*）的体貌特征、对环境忠诚度、生境特点等信息。那么，白头鹤到底是怎样的一种鸟呢?

世界现存的15种鹤中，有9种在中国有分布记录，这9种鹤可用一句话概括为“三白两颈，灰蓑沙顶”，即白头鹤、白枕鹤、白鹤、赤颈鹤、黑颈鹤、灰鹤、蓑羽鹤、沙丘鹤和丹顶鹤。其中，白头鹤这个物种在被定名140年之后，才于1974年在俄罗斯发现一个繁殖巢。白头鹤也是中国最晚发现繁殖记录的鹤种，1993年首次被发现于黑龙江省小兴安岭西部的通北林区，填补了我国白头鹤繁殖分布记录的空白。

白头鹤为大型涉禽，目前其全球种群数量为14500~16000只，为国家一级保护野生动物，被IUCN列为易危物种。白头鹤非常容易辨识，形如其名，皓首玄衣、头颈雪白，通体大多为石板灰色，似修女身着黑衣，裹着白色头巾，故又名“修女鹤”。

（贾亦飞/摄）

白头鹤胆小机警，行踪诡秘，是鹤类家族中行踪最隐蔽的成员，往往是只闻鹤鸣而不见鹤影，好似深林湿地的隐者。我国首次记录到的白头鹤繁殖巢距离不论是居民点、道路，还是人类活动区都在10千米以上。因此，可见白头鹤对繁殖环境的要求极其苛刻，它在偏僻的森林湿地深处营巢，上层巢附近要有高大树木，下层既要有较高的草及少数小树丛用以隐蔽，又要有较开阔的视野以利于卧巢鹤的观察警戒，在巢区范围内还要有较充足的食物以保证幼鸟生长初期有足够的营养供给。除此以外，水域也是白头鹤巢址选择非常关键的影响因素：白头鹤偏向于在有一定开阔水域的地方筑巢；一旦水域面积小于一定数值，白头鹤便不会选此地营巢。

这样的繁殖苛刻条件还不够，白头鹤的巢往往建在塔头苔草之上，周围环水以防止其他动物接近。所谓塔头即高出水面几十厘米的草墩，是沼泽地里各种苔草的根系死亡、腐烂、生长，周而复始，加之泥炭长年累积而成，是沼泽湿地进化的一种标志。塔头的形成历史最长可达10万年，一个直径60厘米左右的塔头需要几百甚至上千年才能形成。白头鹤就在这难得一寻的塔头上筑巢、产卵、孵化，演绎着生命的更迭。这就是白头鹤，神秘的修女鹤、深林湿地的隐者。

揭开修女鹤神秘面纱的同时，“中国白头鹤之乡”——新青国家湿地公园也被我们所关注。这里位于我国“林都”伊春北部的泥炭沼泽湿地，总面积4490公顷，素有“岭上平原”的美誉，是现今小兴安岭山脉保存最完整的多种典型湿地形成的镶嵌体，被联合国教育、科学及文化组织认定为“大面积群落清晰、保存完整的典型泥炭沼泽湿地”。白头鹤的繁殖区域大部分属于永久冻土地区。

多年来，为保护白头鹤，新青国家湿地公园一直在开展退耕还湿、生态移民、修建水坝、河道清淤等工作，高效的保护行动的开展为全世界白头鹤的保护贡献了中国经验，科学的湿地保护与恢复工程的实施为全球湿地保护与修复贡献了中国方案与中国智慧。

绿林碧水引鹤来，小兴安岭已成为白头鹤在我国最重要且是唯一的繁殖地。白头鹤这一神秘的隐者隐于深林沼泽，而不隐于人心，仍需要全世界的关注与努力。

（执笔人：东北林业大学吴庆明、徐凯美、李浙）

不畏寒冷的高原迁徙鸟
——黑颈鹤

科学研究证明，地球上鹤科鸟类如人类一样起源于非洲中北部，并向外扩散；除了南极洲和南美洲，全球多数地方都有鹤类的踪影。旧物种消亡新物种产生，存活到今天的鹤类还有15种。其中一种鹤扩散到青藏高原，能够抵抗零下10摄氏度的寒冷，也能适应高海拔辐射的干扰。这种鹤头顶裸露皮肤的红色非常鲜艳，头的其余部分和颈的上部约三分之二的部位均为黑色；飞羽黑褐色，三级飞羽延长并弯曲呈弓形，羽端分枝成丝状；尾羽黑色，腿和脚黑色；幼鸟头顶棕黄色，颈部杂有黑色和白色，背部灰黄色；越冬后的幼鸟颈上三分之一的部位呈灰黑色，背部残留有黄褐色羽毛。这种鹤因为它的颈上部的黑色特别显眼而得名“黑颈鹤”（*Grus nigricollis*）。

黑颈鹤体长110～120厘米，翼展近200厘米，体重4～6千克。黑颈鹤属于候鸟，繁殖地在青藏高原海拔3000～5000米的区域，最北延伸到新疆若羌、青海祁连一带。其越冬地在贵州西部、云南中部至北部和西藏南部，海拔2000～3500米，少数个体可到达不丹、尼泊尔。它们冬来夏往，十分准时地在繁殖地和越冬地之间迁

（马茂华/摄）

徙。我国科学工作者在黑颈鹤身上安装全球卫星定位系统（GPS），然后放飞，在计算机里就能查看黑颈鹤什么时间到达了什么地方。例如，2021年3月18日，一只黑颈鹤背着GPS从海拔2500米的云南会泽起飞，科学工作者在计算机里查到它在四川汉源稍事停留，19日到达海拔3500米的若尔盖，全程1000余千米耗时26小时。

黑颈鹤不会原地腾飞，起飞要在地面助跑一定距离。所以，它们从不进入树林或高度超过100厘米的茂密草丛或灌丛，基本都在浅水沼泽湿地、较高的荒坡地夜宿，在

黑颈鹤越冬栖息地（吴兆录/摄）

沼泽湿地、荒坡地、耕地里觅食。

每年3月底4月初，黑颈鹤到达繁殖地后，栖息在宽阔的、人畜极少的沼泽湿地里，捡拾植物种子、块茎、块根，啄食草芽、草根、绿叶，也捕食少量的无脊椎动物。黑颈鹤一般分为3个类群。第一类是没有长大的亚成体鹤类群，一般3～5只甚至20多只，一起玩耍，四处游荡。第二类是成年黑颈鹤类群，它们雌雄双双结伴，占据3～4平方千米的安静沼泽湿地，拉扯水草，搭建鸟巢，产卵2～3枚，轮流孵化。约30天后，雏鸟出壳，当天就能行走。父母鹤精心教育雏鸟，先教它游泳再教它奔跑飞翔。第三类是一些失去配偶的成年鹤或者老鹤类群。它们既不打扰筑巢繁殖的夫妻，也不参与成群结队的亚成体鹤群的活动，孤独地游荡着。黑颈鹤对感情忠贞不渝，一旦丧失配偶，便终生不再嫁娶，但参与鹤群南北迁徙，直到30~40岁孤独终老。

到了秋天，黑颈鹤们又开始艰辛的长途飞行，准确地回到曾经的越冬地。它们展翅跳舞，昂首共鸣，相互嬉闹，快乐无比。夕阳西下，或三三两两，或数十只，鸣叫着，汇集到开阔的浅水沼泽湿地或者视野良好的开阔山丘上，集中夜宿。天亮了，一个家庭3~4只鹤或者多个家庭30~60只鹤一起外出觅食。集中觅食时，鹤群里总有

（马茂华、刘善思、吴兆录/摄）

越冬期黑颈鹤成鸟（左1,3）亚成鸟（左2,4）（吴兆录/摄）

几只鹤专职警戒，发现威胁，便“ge—ge—ge”地发出叫声；鹤群收到示警后，便集体飞起逃离。越冬地的黑颈鹤基本都是素食者，有时还会去啄食麦苗、萝卜、蔓菁、马铃薯。

因气候变化和湿地开垦，黑颈鹤繁殖地面积减少、质量退化且越冬地向北退缩是个不争的事实。越冬黑颈鹤的生存岌岌可危：20世纪80年代的数据显示，黑颈鹤总数量不到5000只。所幸的是，我国高度重视黑颈鹤及其栖息地的保护，将黑颈鹤列为国家一级保护野生动物，已建立的涉及黑颈鹤保护的自然保护地面积达到38.3万平方千米。2022年1月的同步调查统计表明，黑颈鹤的总数量已经增加到15000只以上。

黑颈鹤夜宿地（刘善思/摄）

黑颈鹤越冬地最南边缘的变化最能说明保护措施的效果。根据文献记录，1899年前后，有英国人曾在这里捕获一只鹤，学者认为可能是黑颈鹤或是灰鹤。到1992年12月，黑颈鹤越冬地的最南边缘退缩到了寻甸横河梁子，相当于向北退缩了100千米。云南大学鸟类研究团队在寻甸的研究发现，20世纪80年代，黑颈鹤有200多只，常遭捕杀食用，到2010年，仅有29只。由于2011年建立自然保护区，越冬黑颈鹤数量逐年增加，2022年1月已经恢复到85只。国家强化保护举措，让黑颈鹤浴火重生。

（执笔人：云南大学吴兆录）

（李东明/摄）

鸻形目

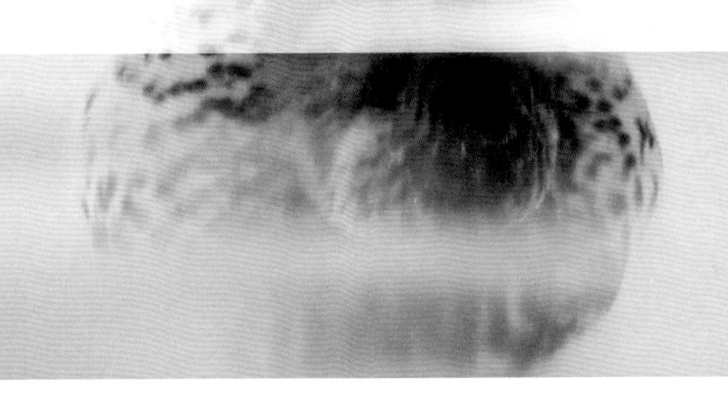

凌波仙子——水雉

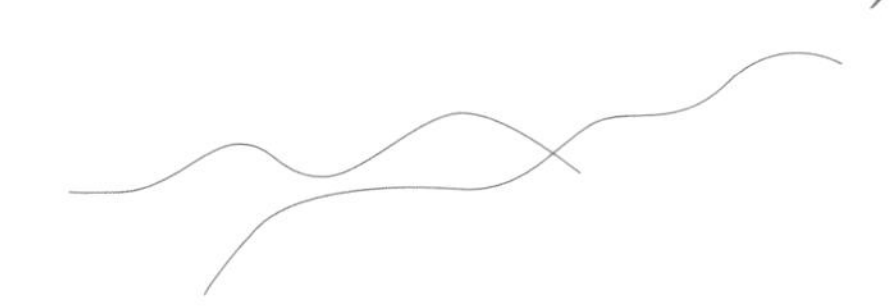

夏日朝阳下，莲塘氤氲。浮于水面的巨大莲叶上，一只拖着长长的尾羽、身姿灵活的“凌波仙子”水雉（*Hydrophasianus chirurgus*）在轻盈地行走着，寻找水生昆虫、螺类、蛙类、小鱼、小虾蟹等为食，它们偶尔也吃植物种子、花蜜等。水雉常挑选富有挺水植物和漂浮植物的淡水湖泊、池塘和沼泽地带单独或成小群活动。它

（陈斌/摄）

（汪莲/摄）

在水面各类浮叶上踏水而行，步履轻盈，姿态蹁跹，配上繁殖季时的艳丽繁殖羽，让人联想到曹植《洛神赋》中的“凌波微步，罗袜生尘”，好似武侠世界里水面施展凌波微步之功的长衣仙子。

水雉属于鸻形目水雉科，又称“水凤凰”“菱角鸟”。作为一种水鸟，它善于游泳和潜水。水雉拥有“凌波”特技的秘密在于它的脚趾又大又长，形同分叉而干枯的树枝，能够更好地分散身体的重量，让水雉能稳稳地游走于各类浮叶上，同时便于捕捉食物。

水雉雌鸟体形明显要比雄鸟的大，喙长，头部尺寸和体重超过雄性至少25%。要是不知道它们的这个特点，一般人肯定会以为长得壮实的、明显大上一圈的才是雄鸟。水雉是罕见的“变装”高手：春末夏初，水雉羽色光鲜亮丽，4枚尾羽长而飘逸；秋冬季节，其尾羽短，身体整体颜色暗淡朴素。水雉“变装”是它的一种繁殖策略，每年春末进入繁殖季节，它们会更换上艳丽的繁殖羽，用以求偶；九月后，它们尾羽脱落，变得灰头土脸，便于隐藏在秋冬的枯枝败叶间躲避敌害。

每年水雉繁殖季，都能在水面的浮萍上看见雄鸟的求偶舞蹈表演，雌鸟是观众兼评委。雄鸟在雌鸟四周飞来飞去，展示着它们洁白的双翅，舞动黑色飘逸的尾羽；为赢得雌鸟的赏识，还会一展歌喉，“情歌”连唱，发出各种特殊的求偶鸣叫声，借此打动雌鸟。据研究，水雉能发出15种叫声，其中9种在它们求偶时才能听到。水雉家庭实行“一妻多夫制”，雌鸟在繁殖期是名副其实的“女王”，有绝对的交配权，可以拥有一个以上的配偶。

（汪莲/摄）

雌鸟交配产卵需要一周时间，之后就把抚养工作转交给雄鸟。这时雌鸟会发挥体形大的优势，护卫领地成为其主要工作。经过二十多天的孵化，雏鸟破壳而出。雏鸟是早成鸟，在卵壳中已经完成了足够的发育，出壳后半个小时就可以自由行走，在雄鸟带领下自由自在地寻找食物。再经过六周，雏鸟便长成亚成鸟，到第七周前后可以离开父母“单飞”。

水雉主要生活在热带及亚热带湿地中，生存依赖的湿地浮叶植物，野生的越来越少，多为人工种植的荷花、芡实、水百合等大型水生植物；一旦人们不再继续栽种，水雉只有另觅新家。适宜水雉繁衍生息的湿地环境，需要我们加强保护和修复。

（执笔人：舟山市自然资源和规划局陈斌）

长途迁徙的王者——斑尾塍鹬

斑尾塍鹬（*Limosa lapponica*）是一种广泛分布于欧亚大陆、非洲及美国阿拉斯加等区域滨海湿地的鸟类。它们在北极繁殖，范围从北欧到西伯利亚再到阿拉斯加，在西欧、非洲、中东、南亚、东南亚以及澳大利亚、新西兰越冬。

斑尾塍鹬的全球种群数量很大，估计在百万只以上，但其种群数量仍呈下降趋势。斑尾塍鹬在全球有5个不同的亚种，5个亚种的迁徙路线、繁殖地和越冬地各不相同。例如，斑尾塍鹬的指名亚种*lapponica*亚种的繁殖区域从芬诺斯坎迪亚北部开始向东至俄罗斯的科拉和卡宁半岛，越冬地则在非洲、波斯湾东部和印度西部的沿海地带。斑尾塍鹬*baueri*亚种则繁殖于西伯利亚东北部至阿拉斯加西部和北部地区，越冬地范围包括中国至澳大利亚、新西兰以及太平洋西南部的一些岛屿。

在我国，斑尾塍鹬主要沿东亚-澳大利西亚迁飞区和西太平洋迁飞区路线迁徙。而西太平洋迁飞区则与斑尾塍鹬的迁徙之路密切相关。美国科学家曾经在阿拉斯加为斑尾塍鹬佩戴了追踪器，用来研究它们的迁徙路线。正是通

（贾亦飞/摄）

过这一研究，科学家们首次发现斑尾塍鹬*baueri*亚种会在秋季迁徙时从阿拉斯加沿西太平洋直接飞往新西兰、澳大利西亚的越冬地；而在来年春天，它们则会从越冬地飞到我国黄（渤）海地区，再回到阿拉斯加的繁殖地。这样一个环形的迁徙路线总长度超过3万千米。

斑尾塍鹬和很多鸻鹬类一样，身体形状因长距离飞行而演化成极致的流线型。最令世人惊叹的纪录是，斑尾塍鹬在从阿拉斯加飞往澳大利亚和新西兰的过程中，连续不停地飞行近十天时间，单次飞行距离超过1.1万千米，直至抵达越冬地才会降落和休息。而此时，它们的体重已经减少了一半，甚至包括部分迁徙过程中不需要的消化器官在内的器官也能参与代谢将体重转化为能量，因此它们到达目的地之后亟待进食和补充能量。同样，在春季迁徙时，斑尾塍鹬又会凭借出众的飞行能力，从澳大利亚、新西兰的越冬地，连续不停地飞行八九天，不吃不喝也不睡觉，直达我国辽宁丹东的鸭绿江口滩涂湿地。这里有它们最喜欢的食物——以光滑河蓝蛤（*Potamocorbula laevis*）为代表的小型贝类。在鸭绿江口滩涂湿地短暂休憩、补充足够的能量后，斑尾塍鹬就可以继续北迁，直到抵达它们位于阿拉斯加的繁殖地。

斑尾塍鹬是目前已知的能够连续飞行距离最长的迁徙鸟类，多年进化而来的完美流线体造型造就了其非凡的迁徙能力，它不愧是鸟类中的“迁徙王者”。

（执笔人：北京林业大学贾亦飞）

平平无奇的『独行侠』——白腰草鹬

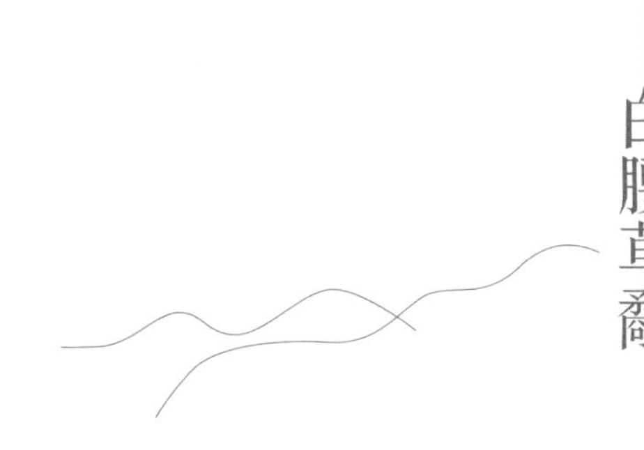

在鸻鹬类水鸟中，白腰草鹬（*Tringa ochropus*）的长相可谓平平无奇。即便以“白腰”命名，你会发现还有许多具白腰的其他鸻鹬类水鸟。“白腰”并不是它的唯一特征。另一方面，由于广泛分布于欧亚大陆和非洲、种群数量多、在城市湿地中易常见的特点，白腰草鹬与“珍稀濒危”一词毫不沾边，自然也难以让人另眼相待。

白腰草鹬也是一种迁徙水鸟，在我国分布广泛。它们繁殖于新疆西北部、黑龙江北部和内蒙古东北部，越冬于云南、贵州、四川、西藏南部以及海南、香港和台湾，迁徙时在我国大部分地区可见。如果你对白腰草鹬已经产生几分兴趣，不如就去身边的城市湿地中发现它：不起眼的白腰草鹬也是一种很可爱的鸟。

如此平平无奇的白腰草鹬是不是真的毫无特点呢？当然不是。

生境选择偏好上，白腰草鹬不喜欢滨海湿地宽广的潮间带滩涂，更喜欢内陆淡水湿地，尤其是河岸、湖岸、小水塘、沟渠、溪流、水田、草本沼泽等静水或水流缓慢的水体。白腰草鹬生境偏好为什么会如此独树一帜？可能和

（夏兵军/摄）

其主要食物有关系，也可能因为在这些流动缓慢的水体里比在广阔的潮间带滩涂竞争压力小。对于这些解释，目前尚没有定论。

值得一提的是，白腰草鹬喜欢在北方潮湿的森林中繁殖。森林中有老松树、云杉、桤木，有许多倒下的、腐烂的树桩，有厚厚的地衣和苔藓铺成的地毯，还有沼泽、溪流、河流、湖泊、池塘等各种湿地。而白腰草鹬喜欢将巢筑在高处，比如离地20米的树上。不过，它们不喜欢自己搭窝，而是常常利用一些林鸟废弃的巢穴，例如，斑尾林鸽（*Columba palumbus*）、鸫类、伯劳、鸦科鸟类的旧巢。它们有时还可能利用松鼠窝筑巢。偶尔，它们也会将巢筑在树桩上、倒木间或松针堆上。

白腰草鹬生性胆小谨慎，不喜欢集大群，常单独活动。如果你路过一片小池塘，或许在你还未反应过来时，一只白腰草鹬已尖叫着从你身旁飞驰而过。不过，它通常并不飞远，会在附近合适的地方落下。如果你有机会观察一只白腰草鹬，你会发现它的行为特别有意思。在站立、走动、觅食时，它后部的身体会不停地上下颤动，仿佛在跳着某种舞蹈，又或者在进行某种仪式。这可能是因为它们要用规律性的颤动去探查或者惊扰食物，从而提高其捕食成功率。有这种行为的鸻鹬类水鸟并不多，如果你在野外看见一只这样的鸟，不妨想想这只鸟会不会是白腰草鹬。

（执笔人：北京林业大学贾亦飞）

为迁徙而增肥缩胃的『长途旅行家』——红腹滨鹬

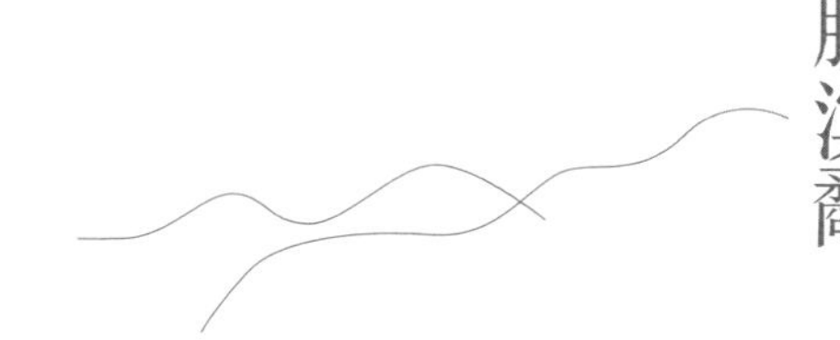

许多鸟类的命名因为过于久远，人们常常忘了它原本的含义。比如，红腹滨鹬（*Calidris canutus*），属名*Calidris*是滨鹬的意思，据说源自两千多年前亚里士多德提到的灰色的、在水边的鸟；而关于种名*canutus*的由来，有一种说法是它来自一千多年前喜欢烹饪的克努特国王（Canute King）。这是一位曾统治着如今的英格兰、丹麦和挪威三国的国王；他认为这种鸟如果适当地用白面包和牛奶增肥，绝对是美味佳肴。但也有说法*canutus*是来自其叫声“gunt，gunt”。现在，其确切的含义已无人知晓。

好在其中文名通俗易懂且起得很贴切。繁殖季的红腹滨鹬的确有着红色的腹部、胸部，黑色、棕色和灰色构成背部的斑驳色块。红腹滨鹬全球有6个亚种，这些不同亚种都在北半球高纬度地区繁殖，繁殖地沿着北极圈不连续地分布，各越冬地相距甚远，包括北美洲、南美洲、非洲、欧洲及澳大利亚和新西兰，南美洲最南端的火地岛都能见到它们的身影。在东亚－澳大利西亚迁飞区也有两个红腹滨鹬亚种（*rogersi*亚种和*piersmai*亚种）。前者主要繁殖于西伯利亚东部楚科奇半岛并在澳大利亚东部和新西兰越冬，后者主要繁殖于新西伯利亚群岛并在澳大利亚西北部越冬。两个亚种的共同特点是其在北迁过程中都高度依赖我国的黄（渤）海地区。渤海湾北部的滦南湿地是红腹滨鹬最重要的停歇地，每年春季，此地这两个亚种的整体数量占其迁飞路线中种群总数的65%以上。

作为联系了全球六大洲（除了南极洲）的物种，红腹滨鹬是典型的迁徙距离超长（最长可达1.5万千米）、中停次数较少（仅1～2次）的物种。每个停歇地对于红腹滨鹬的生存都至关重要。在非繁殖季节，它们会集大群共同栖息、迁徙，在停歇地也会集群取食，有很强的社会性。在北极苔原繁殖期间，它们主要以昆虫为食，在停歇地和越冬地潮间带通常以双壳类动物为食。

红腹滨鹬在潮间带寻找食物既不靠眼睛，也不靠喙直接啄取贝类，而是采取一种非常特别的压力探测的觅食方式。当它将喙插入湿润的泥沙中，喙部挤压泥沙会产生水压，这种向外扩散的压力如果被石头或贝壳阻碍会反弹造成微小的压力差异，而其喙尖密布的赫氏小体能够感受这种微小差异从而发现食物。采用这种取食方式要求泥沙中没有太多小石头或死的贝壳，因为红腹滨鹬无法将其与活的贝类区分。另外，红腹滨鹬也无法探测到沙蚕等没有坚硬外壳的食物，这是导致能满足其需求的中停栖息地数量非常有限的原因之一。这也决定了红腹滨鹬既不能在太干燥的环境中也不能在完全是水的环境中取食，因此，在海边经常可以看到它们追逐着潮水线取食。

红腹滨鹬进食贝类时通常会整吞，这需要肌胃去研磨，肌胃越大，就越能快速处理食物，但过大的肌胃在长

（贾亦飞/摄）

途飞行中显然是个累赘，漫长的演化使得红腹滨鹬具有非常强的表型可塑性，以解决飞行和取食的矛盾。在迁徙之前，它们会增大肌胃、大量取食，快速加满“油箱”，也就是积累腹部、臀部的脂肪。当临近迁徙时，它们增大飞行肌肉，缩小肌胃，以省去飞行中不必要的能量支出。它们到了停歇地之后再将肌胃增大。肌胃多大还取决于停歇地的食物质量优劣，食物质量越低，红腹滨鹬越需要大的肌胃。在我国渤海湾停留的红腹滨鹬的肌胃是已知最小的，但消化率却远高于其他地区的同类，原因是在渤海湾，红腹滨鹬几乎完全以小型（1~4毫米）而又易消化的光滑河蓝蛤为食（92.7%无灰干重占比），其壳的硬度显著低于其他地区的食物（如瓦登海的*Macoma*和*Cerastoderma*贝类）。

同样在停歇地保持小肌胃的还有红腹滨鹬的rufa亚种，这是因为它们不以贝类而是以美洲鲎（*Limulus polyphemus*）的卵为食。在美国特拉华湾，巧妙的演化使得红腹滨鹬抵达的时间刚好是鲎的产卵时间，肥美而又唾手可得的鲎卵使红腹滨鹬在停留的7~12天里每天增重7.2克。鲎的种群与红腹滨鹬的种群息息相关，从20世纪90年代中期开始，大量的美洲鲎被捕捉用作渔业饵料，导致其个体及卵的数量都大幅下降，从遥远的火地岛赶来的红腹滨鹬无法补充足够的能量而存活率大幅下降。2001年这个亚种的总数量估计有17万，但到2012年只剩4.2万。

渤海湾湿地的红腹滨鹬情况同样不乐观。2008年以前，我国滦南湿地蓝蛤的春季密度极高，最高达23868个/平方米，这么高的密度，可能与当地捕捞蓝蛤用于对虾养殖有关。每年7~10月，渔民抽筛滩涂表面的蓝蛤时发现，只有少量个体留存，这可能为第二年春季的幼体大暴发提供了条件。2008年后，随着滦南湿地周边滩涂被围垦，红腹滨鹬逐渐聚集在滦南湿地狭窄的滩涂上，最大停留数量一度超过6万只。虽然滦南湿地的蓝蛤分布密度很大，但也不能承载不断增多的红腹滨鹬。最近发表的一篇研究显示，滦南湿地滩涂的红腹滨鹬环境承载力约为其实际种群利用强度的1.46~1.70倍。南堡滩涂上红腹滨鹬的食物利用强度已接近其环境承载力，因此，滦南湿地蓝蛤情况的变化将会极大影响整条迁飞区的红腹滨鹬数量，正如同美洲鲎和*rufa*亚种红腹滨鹬的故事所展示的一样。

红腹滨鹬似乎也感受到了危机。最近几年，在滦南湿地，红腹滨鹬的高峰期数量有明显下降的趋势。其原因除了种群数量整体下降，红腹滨鹬的迁徙停歇策略改变似乎也是其中一个原因。卫星追踪显示，许多红腹滨鹬个体不再利用渤海湾作为北迁唯一的停歇地，而是也在东南亚或中国南方沿海做停留。这可能是红腹滨鹬这种典型的单次停歇物种面对栖息地变化不得不做出的适应性改变。由于红腹滨鹬全球的种群数量下降，其目前已经被IUCN列为近危物种。

在渤海湾停留的*piersmai*亚种是红腹滨鹬最晚被命名的亚种，其名称来自荷兰皇家海洋研究所和格罗宁根大学的著名鸟类学家特尼斯·皮尔斯玛（Theunis Piersma），以表彰他对红腹滨鹬开展一系列开创性的重要研究。特尼斯教授与已故加拿大鸟类学家阿兰·J. 贝克（Allan J. Baker）致力于在全球范围开展红腹滨鹬的研究，创建了全球迁飞网络（Global Flyway Network）。2010年春季，特尼斯在渤海湾第一次看到以他名字命名的红腹滨鹬亚种非常激动。彼时，渤海湾潮间带的围垦正进行得如火如荼，他不无担忧地说，他可能会遇到鸟类学家最不想发生的事，那就是*piersmai*亚种可能比他更早地从地球上消失。

庆幸的是，10多年后，经过许多人的不懈努力，虽然红腹滨鹬的数量仍在下降，但至少中国沿海潮间带围垦停止了，滦南湿地也成立了保护地并开始申报成为世界自然遗产，这似乎给了人们一丝希望。希望所有的这些努力都能够让红腹滨鹬的*piersmai*亚种以及*rogersi*亚种长久而自由地往返于地球的南北两端。

（执笔人：北京师范大学雷维蟠）

自带饭勺的小萌鸟
——勺嘴鹬

你有没有见过一种鸟，它喙型如勺，喜欢用这把勺子在沿海滩涂上疯狂“干饭”，最后能把自己吃得圆滚滚的，一行一动皆显呆萌。它的名字正好形象地体现了这一形态特征，名为“勺嘴鹬”（*Calidris pygmeae*）。

（郭红/摄）

（程立/摄）

其实，它的这把黑色“勺子”并不坚硬，反而有些柔软，并且布满了敏感的神经，但能帮助它准确探知和捕捉滩涂中的食物，可谓“干饭鸟”的利器。

除自带饭勺、长相呆萌外，勺嘴鹬被大家关注的另一个重要原因是：它是一种极度濒危的鸟类。据估计，全球勺嘴鹬数量为661～718只，且种群数量呈下降趋势。因此，勺嘴鹬于2021年在中国被升级为国家一级保护野生动物，也被列于《世界自然保护联盟红色名录》，为极危（critically endangered，CR）物种。

作为一种小型鸻鹬类动物，勺嘴鹬体重大约只有20克，其重量大小可能还不及一只胖点的麻雀。但小小的勺嘴鹬却是一种长距离迁徙鸟类。它每年夏季繁殖于俄罗斯楚科奇半岛至堪察加半岛北部的沿海苔原地带的区域，春秋迁徙时经过我国东部沿海滩涂，越冬于我国南部及东南亚沿海地区。在我国，江苏盐城东台条子泥湿地、南通如东的小洋口和东凌滩涂是勺嘴鹬最集中也是最重要的迁徙停歇地，迁徙季数量可达百只以上。近年调查表明，广东雷州半岛沿海湿地是目前所知的勺嘴鹬在我国最大的越冬地，在那里其数量为30只左右。

迁往适宜栖息地往往同时也意味着面临巨大的生存风险，对于勺嘴鹬而言，尤其如此。夏季繁殖结束后，勺嘴鹬亲鸟会早于幼鸟离开繁殖地向南迁徙。没有了亲鸟的照顾，幼鸟的南迁之路只会更加凶险。但迁徙的路线已“刻”在每一只勺嘴鹬的基因里。幼鸟可能缺乏应对路途上发生各种情况的经验，但它却不会忘记每一个可以停歇的地点。因此，维持每一个勺嘴鹬适宜栖息地的稳定，是保护这种濒危迁徙鸟类的重要方法。

好消息是，2019年7月5日，在联合国教育、科学及文化组织第43届世界遗产理事会会议上，中国黄（渤）海候鸟栖息地（第一期）被列入《世界遗产名录》，其中就包括江苏盐城的条子泥湿地。勺嘴鹬在我国最重要的迁徙停歇地得到了有效保护，也得到了世界认可。希望不久的将来，可爱的勺嘴鹬种群会越来越壮大，会越来越多地出现在人们视野中。

（执笔人：北京中蕾生态科技有限公司刘云珠）

高原鸟岛上的白衣军团

——棕头鸥

夏季，深入广袤的羌塘腹地，冰川雪水孕育的内陆河流纵横交叉的流经之处，形成一片片草原和湿地。随手一拍，就是一幅绝美的高原牧场图。大小不一的湖泊星罗棋布；在不同的光照下，色彩变幻多样，给人们带来一次次的视觉冲击。假如你到那里驻足打卡，大概率会迎上

（傅定一/摄）

一群白色的家伙，它们有可能就是高原鸟岛上的“常驻军”——棕头鸥（*Chroicocephalus brunnicephalus*）。

棕头鸥的形象极具辨识度，除了身体大部分为白色外，面部特征最为显著。它们棕脸红嘴，感觉是化了欧美风的浓郁彩妆，因而得名“棕头鸥”。与它有着亲缘关系，长得极为相似的另一种鸥类则是多往返于春城昆明的明星鸟——红嘴鸥。

每到6月前后，棕头鸥会不远万里，从藏南河谷、印

（刘善思 / 摄）

度、中南半岛等地飞到青藏高原及其周边的湖泊、河流岸边草地或沼泽地上繁殖。相较于棕头鸥精致的“妆容”，它们在鸟岛上搭建的爱巢则显得极简朴素。配对成功后，它们共同作业，用爪和喙在地面掘个土坑，然后就地取材，利用枯枝、干草、羽毛、藻类等材料，简单一搭，就大功告成了。“尾随捕食”，算是棕头鸥的一个特点，它经常追随在鸬鹚、渔鸥等鸟类之后，寻找剩余残渣，或者先在岸边停落观察，再捕食鱼、虾等水生动物。

之所以称棕头鸥们为“白衣军团”，是因它们习惯集群行动。它们习惯集群迁徙、营巢、捕食、防御等，尤其在产卵孵化、育雏期间，一旦发现巢区受到干扰，鸥群便会群体出击，低空盘旋、俯冲、嘶叫或排粪，直到威胁者远离巢穴。科学家研究认为，动物具有群居倾向是生命细

（刘善思/摄）

（傅定一/摄）

胞自身的一个明显特征。在组织培养基中，同种动物的细胞可以相互聚合，并且会排斥异种的其他细胞。当“白衣军团”集群守备的时候，一是守卫者越多，就越安全；二是鸥群飞行时也会起到迷惑敌人的作用，使其眼花缭乱，无法下手。

得益于大众的保护，高原鸟岛上总能看见棕头鸥矫健飞行的身影，它们的种群数量比较稳定。同其他很多鸟类一样，棕头鸥面临的主要威胁是感染禽流感病毒，尽管它喜欢亲近人类，也有游客经常投喂食物，但人们仍应减少与其的直接接触，使得它们更为安全地栖息繁衍。

（执笔人：西藏自治区高原生物研究所益西多吉、杨乐）

推动人鸟和谐的白色小精灵

——红嘴鸥

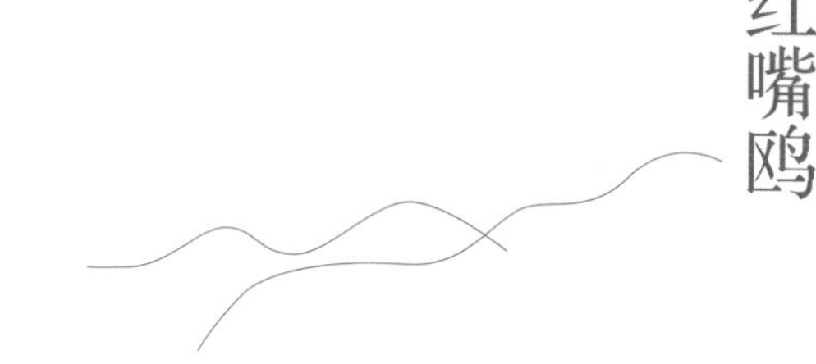

2014年12月16日，蓝天白云下的滇池海埂大坝上，数千只白色的红嘴鸥（*Chroicocephalus ridibundus*）叽叽喳喳，或水里漫游，或空中飞翔，有的伸开洁白的翅膀，提着橙黄的双足，张着鲜红的小嘴，悬停在两三米高处，期待着游客抛撒食物。一位头戴遮阳帽的男子突然跃起，抓住一只红嘴鸥折断翅膀试图带走，被现场工作人员和观鸟群众发现后呵斥阻拦，这名男子灰溜溜地消失在人流中。这只红嘴鸥却因伤势过重而死亡。当地公安局民警经过缜密侦查后奔赴近4000千米抓获该男子，对其严厉批评教育并处罚款5000元。

为什么为了一只普通水鸟，就这样不惜成本地侦破、重罚呢?

红嘴鸥属于中型鸥类，体长37～43厘米，展开翅膀的时候体宽94～105厘米，体重225～350克。嘴鲜红色；头白色，红嘴鸥繁殖期头部黑色或褐色。虹膜褐色，眼前缘及耳区具灰黑色斑，眼周有白色羽圈，繁殖期眼后缘有一星月形白斑。它的身体大部分羽毛为白色，尾羽黑色；翼前缘白色，翼尖黑色；足和趾橙黄色，繁殖期转为

红嘴鸥群集觅食（吴兆录/摄）

赤红色。

它们一般生活在平原和低山丘陵的湖泊、河流、水库、河口、鱼塘、海滨和沿海沼泽地带，以采食鱼虾、昆虫、软体动物和人类丢弃的食物残渣为生，喜欢集群，通常呈10～20只小群活动。如果出现集中的食物源，它们会数百只或上千只一起群聚觅食。

红嘴鸥为一夫一妻制，4月至7月进入繁殖期。通常数百对红嘴鸥一起在湖泊、水塘、河流等水域岸边群体营巢繁殖。研究者在俄罗斯贝加尔湖畔的观测发现，红嘴鸥将生长茂盛的青草踩平而营巢；巢呈浅碗状，内径

15～20厘米，深2～5厘米；里边铺垫一些干草，巢就筑成了。每窝产卵3枚，偶尔2～4枚，蛋壳绿褐色、淡蓝橄榄色或灰褐色，被有黑褐色斑。雌鸟雄鸟轮流孵卵，孵化期为20～26天。雏鸟出壳后就下水练习游泳，约40天即可开始飞翔。

红嘴鸥数量庞大，全球总数量估计为480万至890万只。它们一般为候鸟，广泛分布于亚洲、欧洲、非洲北部沿海和北美洲。其繁殖区域非常广泛，从格陵兰岛南端和整个冰岛一直延伸到欧洲和中亚的大部分地区，向东至俄罗斯乌苏里兰和中国东北黑龙江，都有红嘴鸥繁殖。在中国，西北的天山西部至东北的北纬32度一线是红嘴鸥繁殖区和越冬区的分界线。

云贵高原地处红嘴鸥的越冬区域，1980年代开始，农村兴起冬季种植，致使长期分散越冬的红嘴鸥向滇池湿地集中，可以捕捉的鱼虾昆虫很快便被吃完。1985年11

红嘴鸥成鸟（右）、亚成鸟（左）（吴兆录/摄）

红嘴鸥的巢（吴兆录/摄）

月，红嘴鸥冒险进入昆明城市中心区寻找食物。昆明人将红嘴鸥视为大自然派遣来的天使，提供食物，给予保护，加强研究，呈现出人鸥共戏春城的美丽和谐情景。2003年，高致病禽流感蔓延，扑杀红嘴鸥的声音此起彼伏。科技工作者一边向政府建言一边严密监测，检测了151只红嘴鸥但并未发现高致病H5N1病毒，维护了社会稳定，更为保护越冬的红嘴鸥提供了依据，由此创建了政府主导、科技工作者运作、社会大众共同参与的野鸟管护模式。2005年12月，昆明市获得了中国野生动物保护协会命名的“中国红嘴鸥之乡”的称号。

随后，云南大学鸟类研究团队又围绕红嘴鸥开展了多项研究。2006年7月，研究人员组队北上俄罗斯贝加尔

（吴兆录/摄）

湖深入研究了红嘴鸥的繁殖生态，11月以后在昆明详细研究了红嘴鸥的食物选择和野外活动规律。2019年11月以后，团队给91只红嘴鸥佩戴上更先进的GPS定位器，跟踪监测揭示了滇池红嘴鸥的迁徙路线：昆明向西北至俄罗斯贝加尔湖地区和蒙古国西部，昆明向东北进入北极圈到达俄罗斯的维柳伊河河畔，同时还发现了红嘴鸥在云南的滇池、阳宗海、洱海的活动轨迹。

在昆明，人鸟和谐相处是一大景象。即便红嘴鸥不是国家重点保护野生动物，但只要有意伤害红嘴鸥，就是伤害当地人民的爱鸟真情，就要受到社会的口诛笔伐。这就是前文为什么要对那名残害红嘴鸥致死的男子重罚的原因。

（执笔人：云南大学吴兆录）

会穿搭的湿地精灵
——黑嘴鸥

在中国沿海，有一群可爱的湿地精灵，它们穿着“红色长筒靴”，头顶“黑色高礼帽”，惬意地生活在沿海滩涂和河口地带，它们就是国家一级保护野生动物——黑嘴鸥（*Saundersilarus saundersi*）。

黑嘴鸥体长多为29～32厘米，翼长多在87～91厘米。在鸥类大家庭中，黑嘴鸥属于身材娇小者，但这并不影响它们在潮间带滩涂的活跃。黑嘴鸥擅长“搞小团体”，多集小群生活，常出没在沿海滩涂、沼泽地和河口地带，在滩涂上多以螃蟹、虾和沙蚕等水生无脊椎动物为食，偶尔在内陆湖泊中也会看到它们捕食昆虫的身影。

根据我国科学家的最新估计，黑嘴鸥的全球种群数量约在20000只。中国沿海的碱蓬生境是其重要的繁殖地。超过95%的黑嘴鸥种群在中国东部沿海地区繁殖，其中，辽宁盘锦的辽河河口、山东东营的黄河三角洲以及江苏盐城湿地是它在中国的三大繁殖地，仅少数个体在韩国的滨海滩涂上繁殖。每年4～6月是黑嘴鸥的繁殖期；在此期间，黑嘴鸥会不停地梳理羽毛，以寻求追求对象的关注。如果对方也展现出与其一致的动作，同样的步调，它们便

（贾亦飞/摄）

可以比翼双飞了。随后，黑嘴鸥会搭建一个由碱蓬、芦苇或其他盐碱地植物的茎叶构成的盘状巢。巢的大小在18～23厘米，巢深在1.4～4厘米。黑嘴鸥每窝产卵1～3枚，偶尔会多至5～6枚。卵呈梨形，颜色为沙色，卵的表面有些许黑色或褐色斑点。卵的平均长度为49.91毫米，宽度为35.69毫米，卵重在24.38～35.53克，平均为30.89克。黑嘴鸥夫妻在繁殖期间都会守在巢边，一只在巢中孵卵，另一只则在巢周边警戒，同时也为另一半“加油打气”。当潮水退去时，其中一只黑嘴鸥会去为对方寻找食物。幼鸟孵化出来以后，黑嘴鸥夫妻会轮流为幼鸟喂食。黑嘴鸥幼鸟天生胆怯，遇到危险时会躲藏于碱蓬根部之下或就地趴下，成鸟会盘旋于天空中，当发现入侵者时成鸟会发出尖锐的叫声俯冲下来，以警告吓退入侵者。

在非繁殖期间，黑嘴鸥会脱下它的“黑色高礼帽”，头部变成白色，仅眼部和耳朵后面留下些许黑色斑点，颇似被“黑礼帽”染色后留下的痕迹。

如此可爱的湿地精灵也有脆弱的一面。由于水产养殖等人类活动的增加，黑嘴鸥的繁殖地正在不断减少，一些地区的渔民和游客的赶海活动也对黑嘴鸥获取食物造成了不利影响。人类的种种行为都在使黑嘴鸥的生存环境加速恶化。笔者希望人类在开展各种生产生活活动前，尤其是在其繁殖的关键时间段内开展活动，能够考虑和减少对黑嘴鸥的不利影响，进而保护这一可爱的精灵。

我国政府高度重视黑嘴鸥的保护，在中国最重要的三大繁殖地都已建立了黑嘴鸥自然保护区，并被列为中国黄（渤）海候鸟关键栖息地。2021年黑嘴鸥升级为国家一级保护野生鸟类。这些保护管理措施能够让黑嘴鸥在滨海滩涂上的故事一直延续下去。

（执笔人：北京林业大学任思成）

被『遗忘』之鸥——遗鸥

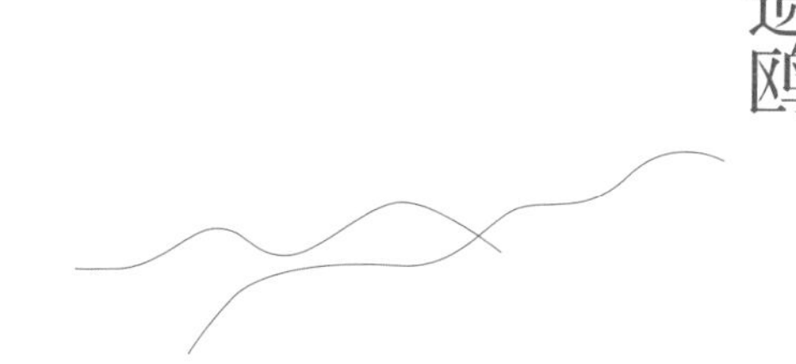

遗鸥（*Ichthyaetus relictus*）为鸻形目鸥科鸟类，是人类最晚命名的一种鸥类动物。它的发现和命名历程充满了传奇色彩。1929年4月，在内蒙古西部弱水下游的葱都尔，一种长相奇怪的鸥类动物首次被发现。1931年，时任瑞典自然博物馆馆长的动物学家隆伯格（Ejnar Lonnberg）撰文提到该种鸥类，并使用了“*Larus relictus*”的学名，以“遗落之鸥”寓意它们的身世扑朔迷离。此后的几十年里，人们对遗鸥的分类学地位众说纷纭，认为遗鸥是棕头鸥的一个色型，或是渔鸥与棕头鸥杂交的产物。直到1971年，阿维佐夫（Auezov）才根据采自哈萨克斯坦阿拉湖的繁殖群体的标本，确认应将遗鸥视为独立种。至此，遗鸥终于以独立物种的身份面对世人。

自从遗鸥作为独立物种被确认之后，对于其地理分布的厘定获得了较大进展，确知中国、蒙古国、哈萨克斯坦、俄罗斯远东地区等国家和地区均有其分布。近年来的研究显示，分布于中亚、蒙古国和俄罗斯境内的3个繁殖种群数量1990年代后期急剧缩减，仅余零星的记录；绝大部分遗鸥活动于中国境内。在我国，随着鸟类研究的发展和公众观鸟活动的推广，遗鸥在国内的分布地信息被不断刷新，目前已在包括吉林、辽宁、北京、天津、河北、山东、山西、陕西、内蒙古、甘肃、新疆、青海、云南、湖北、江苏、上海、福建和香港等在内的18个省（自治区、直辖市）记录到遗鸥的出现。近年来，随着卫星跟踪器的应用和推广，部分地区还开展了卫星发射器追踪工作，更加丰富了遗鸥活动范围的信息。人们逐渐发现，与绝大部分南—北方向迁徙的水鸟不同，遗鸥似乎是沿着一条近似东—西方向的路线迁徙。

我国向来注重对遗鸥的保护，在其被确认为独立物种之后，即被列为我国一级保护野生动物；在国际上，遗鸥也是为数甚少的几个同时被列入《濒危野生动植物种国际贸易公约》和《保护迁徙野生动物物种公约》附录Ⅰ的鸟种之一，它在《世界自然保护联盟红色名录》中也一直被列为受威胁鸟种。遗鸥的全球种群数量约为1.2万只；北京师范大学组织的越冬调查发现，遗鸥的种群数量可能达1.5万只。

黄（渤）海地区泥质滩涂供养了丰富的底栖动物。遗鸥在其越冬期间高度依赖渤海湾的淤泥质潮间带滩涂，丰富的食物资源使其能够更好完成换羽并为来年的繁殖做准备。低潮位时，遗鸥集中于潮间带的淤泥质滩涂上觅食；高潮位时则分散于高潮停歇地，有时亦可见它们漂浮于近岸海面上栖息。越冬期间，遗鸥主要以潮间带淤泥质滩涂里的中大型底栖动物（如小型贝类、螃蟹和沙蚕等）为食。研究者还发现，在渤海湾越冬的遗鸥不仅种群规模大，且分布十分集中，可常见大量遗鸥聚集在较小的生境单元的情况，如在天津滨海地区，在一片面积不足50公

（贾亦飞/摄）

顷的潮间带滩涂上，曾记录到单次最多有11612只遗鸥。这可能反映了渤海湾区域内适宜遗鸥越冬的滨海湿地尤其是潮间带滩涂湿地的锐减，其越冬活动区的范围受到了挤压。渤海湾是目前已知的遗鸥的最大的越冬种群所在地，但渤海湾滨海湿地的大量丧失和生境退化，对遗鸥的越冬也造成了直接而强烈的影响。

不管是否愿意承认，人类活动已经深刻地并将继续深刻地影响着自然界以及身处其间的野生动物。在被人们认识之前，遗鸥已经以“遗世独立”的状态存在了千万年；自从被人们认识以来，遗鸥又与人类相伴而行了几十年；

未来，遗鸥会因人类发展而被“遗弃”么？幸好，中国黄（渤）海候鸟栖息地（第二期）的申遗工作正在按部就班进行，包括河北滦南湿地在内的渤海湾是遗鸥的主要越冬地。如何把“遗忘”变成“和谐同生”确实值得人们认真思考。

（执笔人：天津师范大学莫训强）

回归的神话之鸟——中华凤头燕鸥

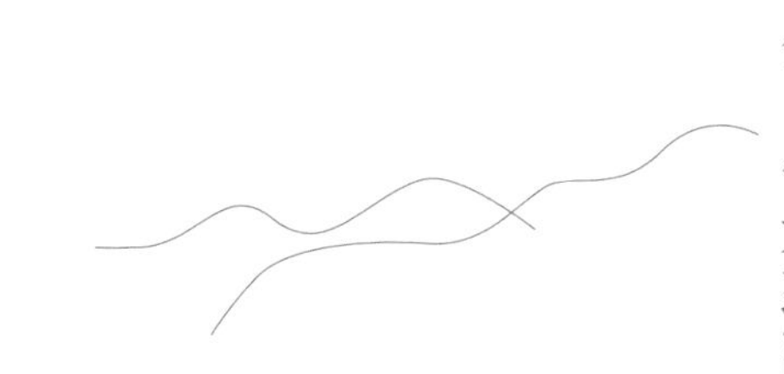

在东海与世隔绝的舟山海岛上，零星分布的中华凤头燕鸥（*Thalasseus bernsteini*）和一大群大凤头燕鸥（*Thalasseus bergiii*）混群生活。它们的外形很相似，都有黑色的羽冠、灰白的身体、黄色的喙；区别在于中华凤头燕鸥喙端有黑色，而大凤头燕鸥的完全是黄色。

中华凤头燕鸥1861年才在印度尼西亚被第一次记录到，但是1937年以后它们仿佛从这个世界上消失了，以至于科学家一度认为它已经灭绝。所幸的是，63年之后的2000年，4对中华凤头燕鸥在我国台湾省的马祖列岛再次被野生动物摄影师梁皆得发现。又过了3年后的2004年，浙江宁波的韭山列岛上也发现了它们的身影，这一次数量达到了20只。但海岛上的气候太恶劣，台风摧毁了中华凤头燕鸥的巢；科学家们努力挽救，但最终繁殖还是失败了。在科学家们不懈努力下，2013年开始，中华凤头燕鸥终于可以在浙江舟山的五峙山列岛稳定繁衍。中华凤头燕鸥成年个体数量也逐渐增加；到2020年，中华凤头燕鸥的繁殖个体数量已经超过30只，算上幼鸟、亚成鸟，其种群数量已经超过100只。失而复得的

（陈斌/摄）

中华凤头燕鸥也因此被鸟类研究界称为“神话之鸟”。

中华凤头燕鸥喜欢吃鱼，新鲜的各种鱼它们都吃，如小黄鱼、黄鲫、石首鱼、龙头鱼、棱鳀、凤鲚等。捕食的时候，它们从空中掠过时发现猎物就会俯冲下来，几秒钟后叼着鱼儿跃然而起。

与其他水鸟不同的是，它们的爱心小巢并不是用各种草、树枝、羽毛搭建起来的，而是直接建在小石头片上；所以，保护区工作人员在它们繁殖的小岛上铺上了成片的碎石子，欢迎它们的到来。

每年9月之后，中华凤头燕鸥和大凤头燕鸥就会一起南下迁徙。它们进行几千千米的飞行，一路飞越山海前往东南亚度过冬天，翌年4月回到我国台湾、浙江等地繁殖。在舟山海岛的繁殖只是它们生活的一部分。每年

（曹阳/摄）

6～8月这段时间，它们会孕育一个小宝宝；要是繁殖失败，它们可能会进行二次繁殖。28天的孵卵期过后，毛茸茸的银白色雏鸟就会来到这个世界。它的第一餐往往就是自己的蛋壳，可以补充钙质，后面就要等待父母的喂养了。一旦小宝宝成功出壳，中华凤头燕鸥就开始不断起飞、降落，把海中的各类小鱼叼回巢，喂给雏鸟。之后，雏鸟在亲鸟的带领下开始学习行走、跳跃飞行。直到9月，雏鸟长大，羽翼丰满，准备跟着亲鸟开始新的一轮迁徙。

（执笔人：舟山市自然资源和规划局陈斌）

江河隐者——河燕鸥

“咿啊，咿啊……”喧闹的鸟鸣声在潺潺的流水声中引人注意，侧耳倾听，循声索迹，终于发现它的身影。这种鸟停歇时，鲜黄色的鸟喙和黑色的“小帽”在满是细碎石块和沙砾的沙洲中十分耀眼。这片沙洲就是河燕鸥（*Sterna aurantia*）在云南大盈江流域栖息繁衍的家园。流线型狭长的双翼赋予它们极快的飞行速度，又细又长的尾巴末端有两个分叉令人想起一种我们更为熟悉的鸟类——家燕。于是，在一些地区，人们把这类美丽的飞羽精灵也叫作“河燕”。

每年12月中旬，东北季风给地处云南省西南部的盈江带来凉爽宜人的气候。巍峨的高黎贡山自东北向西南倾斜，逐渐变得低而宽缓，流经西侧山原的大盈江也一改往日的奔腾汹涌，变得温柔宽缓。清澈的江水养育了盈江条鳅、南方裂腹鱼等丰富的原生鱼，也为许多动物提供了食物与家园。河燕鸥与往年一样按时赴约，再次回到这片沙洲拾掇旧居，享受大约6个月的美好时光。河燕鸥体形优雅美丽，飞行技术高超，时而轻快敏捷，时而缓慢悠闲。雄鸟轻快地掠过水面，急速落入水中捉起游鱼，再拍打翅

（曹阳/摄）

（王英/摄）

膀回到山水之间，就像是一位潇洒的快意恩仇的白衣侠客将利刃拔出鞘，轻快“一点”就将对手击倒在自己的倒影中。可这位“侠客”捕到小鱼时却不愿独自享用，而是略显笨拙地回到爱人身边，将它献给正在筑巢的家人，有时雄鸟还会为它的伴侣跳上一段空中芭蕾。雌鸟会把那些带着鳞片的礼物衔在嘴中，欣赏这段华丽的舞蹈。

清晨的第一缕阳光投上这片沙洲，深灰色岩石旁的沙地凹处，一个鸟巢里传出十分微弱的敲击声，但也被细心的亲鸟察觉到了。“咔”地一响，一个喙端顶着卵齿的小家伙啄破卵壳。雏鸟穿过逐渐扩大的裂缝，将湿漉漉的脑袋探出蛋壳。在此之前，它只能躲在蛋壳里听身边的嘈杂之音；现在，它终于看到这个陌生而又令人新奇的世界。几个小时后，它的弟弟妹妹们也陆续破壳而出。新生命的到来揭开了河燕鸥夫妇辛劳捕食的序幕。河燕鸥宝宝快速成长，一天一个样，平时优雅美丽的燕鸥夫妇在开阔的河滩上下翻飞，觅食的距离也越来越远——因为，家门口的食物已经无法满足这群狼吞虎咽的小家伙。

7月的傍晚一声雷响，豆大的雨点落下来。随着气温逐渐上升，河燕鸥一家的食谱逐渐丰富，从鱼类、甲壳类、昆虫到蛙类蝌蚪，它们都是河燕鸥餐桌上的美味。大盈江的水位逐渐升高，断断续续的降雨提醒着河燕鸥一家——该启程前往伊洛瓦底江的越冬地了。自从2019年繁殖季有人首次在盈江观察到河燕鸥的繁殖以来，每年都有迟到的观鸟人看着奔流的江水“望江兴叹”，垂头丧气地想象河燕鸥划过江面的样子。或许是因为其行踪隐秘，或许是因为其羽衣颜色不够美艳，这位与江河为伴的精灵更像是一位“江河隐者”。

“应该承认这样一个事实，人类对河燕鸥的生存状况了解得实在太少，甚至还没有弄清楚在原生状态下，这种美丽的鸟类如何选择伴侣，它在国内的生存状态又是怎样的。”云南省野生动植物保护协会会员周修远这样说。河燕鸥在国内的分布区域十分狭窄，据目前的鸟类本底资料显示，原本分布于西藏东南部和云南西部的河燕鸥，目前只在德宏的大盈江流域被观测记录到。2021年，新调整后的《国家重点保护野生动物名录》正式公布，已将河燕鸥由国家二级保护野生动物调整为国家一级保护野生动物，以此加强这种珍稀鸟类的保护。

（执笔人：朱雀会陆建树）

（毕建立/摄）

鹳形目

从东南亚扩散而来的神秘大鸟——钳嘴鹳

云南东南部蒙自盆地的长桥海是一片水草茂盛、鱼虾丰富的浅水湖泊，周边还有大面积的水稻田和果园。这里是候鸟越冬和留鸟繁殖的栖息地，更是观赏水鸟和研究的好地方。

2016年5月，云南大学的鸟类研究团队又来到长桥海做科学调查。虽然冬候鸟已经北上，垫状水草上和滨水荒地里，水鸟依然熙熙攘攘。灰色的苍鹭呆呆地看向水里，洁白的白鹭迈着轻盈的步伐把嘴伸进水里寻找食物，在它们附近还有钳嘴鹳。钳嘴鹳（*Anastomus oscitans*）体羽白色至灰色，飞羽和尾羽黑色，静立时飞羽收起，前身白、尾部黑，体长80～90厘米，展开翅膀的时候体宽（翼展）140～150厘米，翼尖一圈的黑色十分显眼。钳嘴鹳最突出的特征是它那约20厘米长的大嘴巴，黄灰色，没有光泽，下喙有凹陷，喙闭合时有明显的缺口。

突然，一只钳嘴鹳抬起头，大嘴巴里叼住了一只大螺蛳，喙的缺口刚好稳稳地卡住螺壳边缘。它转身从浅水跳往岸边，将螺蛳放在地上，用嘴尖夹住螺盖，左右甩动，拖出螺肉，吞咽入腹，然后洋洋得意地扇扇翅膀，又朝浅水处走去。

钳嘴鹳吞食的这只大螺蛳是原产于南美洲的大瓶螺，俗称“福寿螺”。它们被人工引到中美洲、北美洲、亚洲、欧洲养殖，之后逃逸野外大量滋生，啃食水稻等水生植物，成为危害巨大的入侵生物。见到钳嘴鹳喜欢取食福寿螺，人们觉得找到了控制福寿螺的好帮手。但是，钳嘴鹳还取食多种软体动物，以及螃蟹、蠕虫、青蛙、蜥蜴、蛇、虫、鱼等；它们大群地集中觅食，对水生动物多样性也是个不小的威胁。

钳嘴鹳在湖泊、河溪、沼泽、水田等湿地觅食，也常常飞到枝叶繁茂的大树上栖息过夜。它没有发声的肌肉，只能“呼—呼—”地低鸣，声音非常小，所以栖息在湿地里、大树上的钳嘴鹳很少有鸣叫声。

在东南亚，6~12月是钳嘴鹳的繁殖期，它们几十只或上百只集中在一个地方成群筑巢。但是，钳嘴鹳的婚配为一夫一妻制。雌雄结伴，到树上适当的位置，雌鸟护卫

（吴兆录/摄）

（吴兆录/摄）

着筑巢地点，雄鸟收集野草、树叶、树枝等建筑材料，搭建新巢。雌鸟每窝产卵2～5枚，雌鸟雄鸟共同孵卵，孵化期27～30天。雄鸟雌鸟轮流外出觅食喂养雏鸟，雌鸟会花更多时间在巢内守护。大约60天，雏鸟体成熟，离巢独立生活。

长桥海的钳嘴鹳最多时有500余只，但这里不是它们的“老家”。钳嘴鹳属于外来物种，也不在中国繁殖后代。

钳嘴鹳当前分布于印度、斯里兰卡、巴基斯坦、尼泊尔、孟加拉国、缅甸、老挝、泰国、柬埔寨、越南、中国等地。它们体形大，飞行能力强，四处扩散。

中国境内首次记录到1只钳嘴鹳出现的地点在云南大理洱源西湖，时间是2006年10月3日。到2022年，中国境内的钳嘴鹳数量增加到3000余只，主要分布在云南、贵州大部分地区，以蒙自盆地最为集中。那么，中

（廖辰灿/摄）

国的钳嘴鹳是从哪里来的呢？有文章说，鸟类环志和卫星跟踪监测证明，蒙自长桥海的钳嘴鹳来往于此地与泰国，因此泰国30年的记录数据能反映出钳嘴鹳数量变化的事实：从1969年的26300只逐渐增加至2007年的最大值469000只，2008年急剧下降到150400只。后来，2013年1月之后，在马来西亚的瓜拉古拉、马唐迪加湿地，以及越南北部等3个湿地，也都首次记录到钳嘴鹳。

中国的钳嘴鹳不仅仅局限分布在云南、贵州，而是逐渐向东、向北扩散。2015年12月在江西省鄱阳湖南矶湿地和2021年12月在南昌市鲤鱼洲、2019年8月29日在甘肃省张掖黑河湿地、2020年11月15日在陕西省汉中市洋县，都拍摄到了钳嘴鹳。

鸟类突然成群结队离开原有分布区，可能是原有栖息地发生了不利于生存的变化，也可能是鸟类数量急剧增长超过了其栖息地容纳量。钳嘴鹳为什么从东南亚扩散到中国云南，进而向东、向北扩散，还是一个需要深入研究的未解之谜。

（执笔人：云南大学吴兆录）

唐诗名篇中的那只鸟

——黑鹳

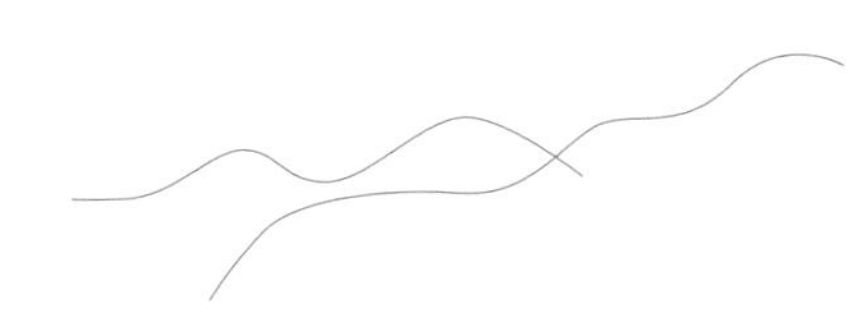

“白日依山尽，黄河入海流。欲穷千里目，更上一层楼。”唐朝诗人王之涣的名作《登鹳雀楼》让人回到童年时光。或许大多数人在初识“鹳”字时都会有一点好奇：这是一种什么样的鸟呢？

译名“鹳雀”其实就是黑鹳（*Ciconia nigra*）。它的

（梁占英/摄）

体形高大优美，早在三国时期吴国陆玑所著的《毛诗草木鸟兽虫鱼疏》中就记载：“鹳，鹳雀也。似鸿而大，长颈赤喙，白身黑尾翅。”文中的描述与如今人们所见的黑鹳形态完全一致：体型壮硕，白腹黑尾，长颈红喙。一双如赤焰般鲜艳的长腿纤细而又挺拔，看似弱不禁风，却能支撑起整个身躯；胸腹部、两肋和尾下覆羽洁白如雪，其余均为黑色，这不是一般的黑丝，而是五彩斑斓的黑；在不同角度的光线下，其颈部和上胸部的羽毛会闪耀出明亮的绿色光泽，而背和肩处的羽毛则变幻出紫色与青铜色的光泽。当它驻足溪边时，犹如翩翩君子；当它展翅腾飞时，又似优雅的舞者。

黑鹳是重要环境指示物种，是择食精致且挑剔的美食家，对觅食生境要求严格。《雚经》中对黑鹳记载“涯一水”，说的是黑鹳偏好在水边生活，但此“水”可不是随

（梁占英/摄）

（曹阳/摄）

便的水，其水质需清澈见底，水深不得超过40厘米，以防沾湿它们漂亮的羽毛。若是有面积较广、干扰较少、小鱼儿较多的溪流和池塘，那就再好不过了。在繁殖期，除去考虑觅食地食物丰富度的因素外，黑鹳还要兼顾考虑觅食地与巢址的距离，防止幼鸟受到天敌的袭击。在越冬期，黑鹳选择沼泽、浅水域作为觅食地，还要格外注意觅食场所的隐蔽性。

黑鹳对巢址的选择十分慎重。《本草纲目》和《格物总论》有记载："巢于高木绝顶处。"因为黑鹳生性机警，喜欢寂静，巢址或是选在高大的乔木之上，或是选在人迹稀少的悬崖峭壁上；最好是上有檐、下有台，既能遮风挡雨，又利于筑巢。为找到心仪的巢址，黑鹳会在天空盘旋侦察良久。

黑鹳对“家庭装修”更是大有讲究。选定巢址后，雌鸟雄鸟共同筑巢，雄鸟采集并衔运巢材，雌鸟在巢中铺垫修整。巢呈盘状，高80~100厘米，巢体外层多为长短不等、手指粗细的灌木树枝，底层筑巢木棍较粗，中上层以细长的小灌木树枝为主，巢内以大量苔藓、草根、草茎等物铺垫。整个营巢过程大约花费一周时间。这只是初步营建了一个较小的新巢，黑鹳有沿用旧巢的习性，若第一年繁殖成功，第二年还会沿用此巢。生活精致的黑鹳每年都要重新添置巢材，修整扩大，最大的巢直径可达1.5米。

黑鹳曾在全球广泛分布，如今数量却逐渐减少，在我国为国家一级保护野生动物。其急剧减少主要是物种生物学特性和人为因素共同作用的结果。一方面，黑鹳自身的繁殖力较低，实行一夫一妻制，年仅一窝，窝卵数4枚左右。雌鸟会将弱小的幼鸟淘汰，丢出巢外。雏鸟在巢中需经50~70日龄的哺育才具备飞翔能力。另一方面，黑鹳对生境条件极为挑剔，而人类的各种生产活动致使黑鹳重要栖息地的水域面积日益缩减，水域环境污染严重。因此，保护并重建重要的湿地生态系统便成为保护黑鹳种群的头等大事。

近年来，随着生态文明建设进入发展快车道，“黑鹳现身”的喜讯接连而至，生态恢复的举措初见成效。相信这只是一个开始，未来的野生动物保护事业必将保持这种热忱，风雨无阻，快步前行。

（执笔人：东北林业大学吴庆明、孙静宇、田一柳）

不善言辞的大白
——东方白鹳

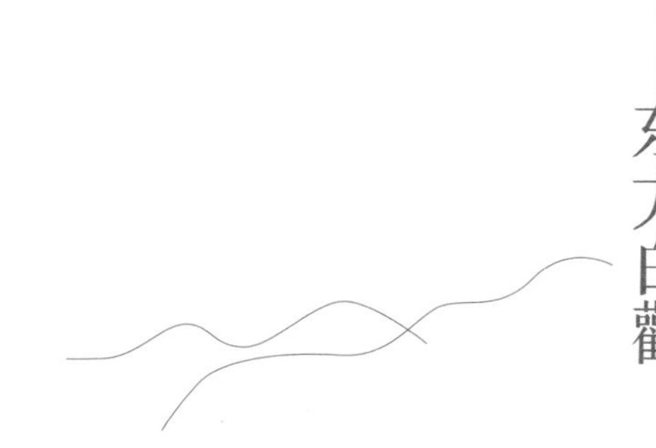

在东北三月的黑土地上，深秋江南的湿地沼泽中，如果运气好，就能看到在河滩上悠闲漫步的一种大鸟，它们有着纯白的体羽、黑色的尾羽、黑色的长嘴，像是画了朱红色眼线的眼周，还有赤红色的长腿。这潇洒的外形也许能让人一眼就感到它的不凡，这种大鸟便是国家一级保护野生动物，别称“老鹳”的东方白鹳（*Ciconia boyciana*）。

古人对白鹳有所记载。明朝李时珍曾描述：“鹳似鹤而顶不丹，长颈赤喙，色灰白，翅尾俱黑。多巢于高木。”这里说的是欧洲白鹳，以往在我国西部地区曾有分布。东方白鹳外形和筑巢习性与其极为相似。如今的东方白鹳除了喜欢在高大的乔木上筑巢，还喜欢在高压电塔上筑巢。在一些地区，高压电塔已成为东方白鹳最喜爱的营巢点。

为什么现在的东方白鹳会如此偏爱高压电塔，将其作为自己的筑巢地呢？学术界有几种假说，比较合理的一种是：人类活动和生境破碎化等因素使东方白鹳适宜营巢的高大乔木减少，高压电塔成了乔木适应性的替代物。尽管

（毕建立/摄）

现在我国生态环境已有所恢复，但仍不足以满足东方白鹳对高大乔木的营巢需求。另一方面，虽然东方白鹳的巢偶尔也会给用电安全和电网维护带来困扰，但经过我国动物保护工作者的不懈努力，绝大多数引起麻烦的鸟巢已被转移到自然保护地中，得到了更好的保护。

东方白鹳不仅在巢的选址上很有特点，其筑巢方式也极具个性。它们的巢大多为盘状，一般由干树枝堆集而成，内垫枯草、绒羽和苔藓，也有部分巢穴无内垫。大多数情况下，雌鸟和雄鸟会共同营巢，由雄鸟外出寻找和运送巢材，雌鸟留在巢中修筑。每年回到繁殖地的东方白鹳偏好沿用去年的旧巢，并且会对其修补、加高。因此，随着时间推移，巢会变得越来越大，古代曾记载白鹳的巢“大类车轮”，但很多东方白鹳的巢还会更大，极个别

（毕建立/摄）

直径能达到2.3米，远远望去好像停在电塔上的“不明飞行物”。

此外，东方白鹳的发声方式也让其可称得上一朵奇葩。它们的鸣管几乎退化，只能通过上下嘴急速开合，发出“嗒嗒嗒”的响声。即使在不擅鸣叫的鹳科鸟类中，东方白鹳也显得比较“安静”。与它同在中国分布的“表亲”还有欧洲白鹳和黑鹳，它们过去都被认为不会鸣叫。但近年的研究发现，黑鹳也有自己的叫声。只有欧洲白鹳和东方白鹳无法鸣叫。也正因这一特点以及两者习性上的高度相似，人们曾认为它们是一种鸟，实际上它们的外貌有不小差异。东方白鹳无论体形，还是嘴峰、跗跖和尾羽的长度都比欧洲白鹳大，而且它的嘴为黑色，略微向上翘，眼周、眼先和喉部的裸露皮肤均为红色；而欧洲白鹳的嘴为

（莫训强/摄）

红色，嘴形较直，眼周、眼先和喉部的裸露皮肤则是黑色。欧洲白鹳在西方一向被称为“送子鸟”，深受当地人民的喜爱。东方白鹳属于东亚地区的特有鸟种，因为数量稀少而受到严格的保护。山东的东营市因拥有东方白鹳最大的繁殖种群，而被誉为“中国东方白鹳之乡”。

如今，随着保护工作的开展，东方白鹳的种群数量正在逐渐得到恢复，相信这沉默的“大白”，还会在湿地保护管理中为我们带来新的惊喜，绽放更加夺目的光彩。

（执笔人：东北林业大学吴庆明、黄广宁，黑龙江扎龙国家级自然保护区管理局徐卓）

鲣鸟目

海上轰炸机——红脚鲣鸟

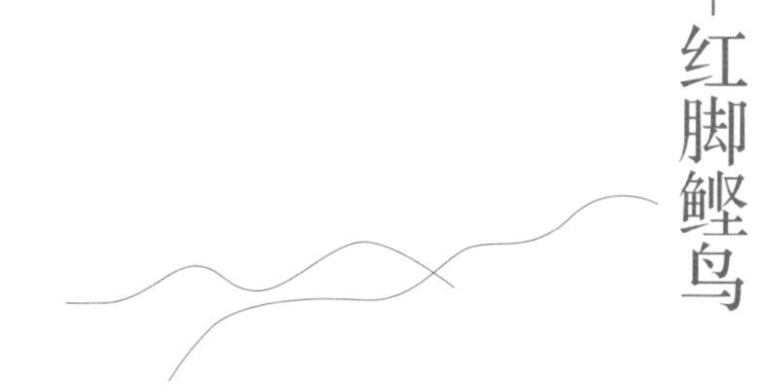

红脚鲣鸟（*Sula sula*）是典型的热带海洋鸟类，是我国分布最靠南的一种鸟类，主要栖息于热带海洋中的岛屿、海岸和海面上，属于大型海鸟，体长为68～75厘米。红脚鲣鸟善飞翔、游泳、潜水，也能在陆地上行走，只是由于小短腿和一双像鸭子一样的蹼，走起路来有点摇摇摆摆的，憨态可掬。

在鲣鸟的食谱里，鱼类占大部分。或许古人见过鲣鸟

（曹阳/摄）

（曹阳/摄）

捕食鲣鱼，并以此为之起名。但它的最爱并不是鲣鱼这种大体形的鱼，而是海里的小鱼和鱿鱼。

说到红脚鲣鸟的食物，就不得不提它们的觅食行为。它们会成群结队地在海面上长距离飞行，寻找鱼群。有时为了找到丰富的食物，它们甚至会飞到远离驻地几百甚至千米的海面觅食。当地渔民发现它们这个习性后，将鲣鸟当作鱼群雷达，称之为“导航鸟”。红脚鲣鸟发现食物后，会从十几米到几十米的高空将两翅收向身后，形成优美的纺锤形，就像俯冲的轰炸机一样直入水中，一头扎进海里猎捕食物。成百上千只鲣鸟纷纷冲入水中的场景蔚为壮观。

根据羽毛颜色的不同，红脚鲣鸟分为浅色、中间色、深色的三种，虽然色型不同，但它们的“靴子”——红色大脚却永远是红得发亮。红脚鲣鸟的红色大脚可不光是为了好看，还如同孙悟空手里的金箍棒，各种场合都能发挥大作用。首先，那双大脚颜色越鲜艳，就代表这只鸟获得食物的能力越强，继而得到更多异性鸟类的青睐。其次，红脚鲣鸟一旦进入海里，那双长满蹼的大脚就变成了捕食神器，帮助它们寻找自己的美食。更重要的是，这双脚还是特殊的“孵蛋器”。与其他鸟类使用胸腹间羽毛孵卵不同的是，红脚鲣鸟就是靠着大脚掌孵卵。不用担心它会把卵给压碎，它会很巧妙地把体重放在自己的“脚后跟”上。红脚鲣鸟一般只产一枚卵，即使偶尔多产一枚，一对宽大的脚蹼也绝对够用。在繁殖期间，它的脚蹼上还会分布更多的血管，从而保证传递足够的热量以孵化卵。

在我国，红脚鲣鸟主要居住在西沙群岛，而东岛是红脚鲣鸟在中国唯一的繁殖地，它们对一种叫“白避霜花”（俗称“麻枫桐”）的植物最为中意，在上面建立自己的小家庭。虽然孤悬海岛，但它们并不能无忧无虑，它们最大的敌人居然是岛上的“野牛”。科学家调查发现，那里的野牛并不是海岛上的原有物种。三四百年前，人们发现了东岛上富含磷的鸟粪，大量开采用作磷肥。劳作的人们为了改善在岛上的居住条件，把黄牛作为家畜带上了海岛。随着人们放弃鸟粪开发离开海岛，无人喂养的黄牛形成了野牛群，啃食白避霜花树的嫩枝嫩叶；据调查，低于1.5米的枝条上的枝叶都被野牛吃得一干二净后，野牛便寻找地上刚萌发的幼树作为食物，这就使白避霜花树没办法及时地繁衍后代。随着牛粪到处传播，野牛啃食出来的林中空地被另外一种入侵植物海巴戟快速填补。红脚鲣鸟找不到习惯搭巢栖息的树，不得不离岛另觅高枝。

除此以外，鱼类资源的变化、外来物种的干扰都可能对红脚鲣鸟造成巨大的影响。维护海岛生态平衡、保护当地的生物多样性，才能让红脚鲣鸟得到最好的保护。

（执笔人：壹木自然学院王绍良、重庆自然博物馆洪兆春）

善于潜水的捕鱼能手

——普通鸬鹚

冬季，西藏澎波曲的岸边上站立着几只体形较大、颜色各异的普通鸬鹚（*Phalacrocorax carbo*），其中，有些个体是通身黑色、喙黑色的成鸟，另一些个体是背部为黑色、胸腹部为白色，上喙上面为黑色、侧面为白色，下喙白色的亚成鸟。普通鸬鹚的喙很长且尖端带钩，嘴角区域中具有显著的黄色斑块，特征很明显。它们喜欢转动着长长的脖子，四处张望着；眼睛像翠绿的宝石，炯炯有神。它们的尾巴抵在地面上，两只脚和尾巴共同支撑住了看似笨重的身体，这是因为普通鸬鹚行走比较笨拙，在站立时需用坚硬的尾羽支撑在地面上，这样会站得更稳一些。

别看普通鸬鹚在陆地上行走笨拙，但它们非常善于游泳、潜水和飞翔，也是捕鱼能手，被人们称为“鱼鹰”“黑鱼郎”等。这些形象的俗名颇为契合其鲜明的形态特征和生活习性。普通鸬鹚具有全蹼的足、善于划水的翅膀以及可在水中睁开的眼睛。这些都有利于它们在水中潜水游泳，再加上长长的、强劲有力的钩状嘴巴，使得其能够稳稳地叼住滑滑的鱼儿，所以它们是天生的捕鱼能手。据观察，普通鸬鹚潜水深度一般不超过4米，可以在

（刘善思/摄）

（刘善思/摄）

水中全速追逐鱼儿长达40多秒，鱼儿遇到了普通鸬鹚几乎难逃其口。

普通鸬鹚栖息和活动在江、河、湖、沼泽等各类水域和沿海，喜欢群居，常在水中突出水面的岩石或树枝上站立着，姿态各样：有的在注视着水面，随时准备钻入水中追捕猎物；有的则缩着脖子站在那里，一动不动；有的还把头埋在翅膀里休息，从远处看起来它像没有头和脖子似的；有的在梳理着羽毛；有的张开翅膀伸展着，看起来憨憨的，很有趣……张开翅膀是普通鸬鹚常有的动作，其实这是为了晾晒羽毛，因为普通鸬鹚没有尾脂腺，不能分泌油脂，羽毛的防水性差。当它们潜水过后就需要尽快将羽毛晒干，才能更好地飞翔。科学家推测，普通鸬鹚没有油脂的原因应该是为了快速下沉下潜，在水下更有效率地捕捉鱼类；有油脂就会增加浮力，不利于下潜。

普通鸬鹚的地理分布广泛，世界上除南北极外各洲均有分布，在国内见于全国各省份，通常在北方为旅鸟和夏候鸟，在南方为冬候鸟和留鸟。青藏高原北部是普通鸬鹚的繁殖地，而温暖的雅鲁藏布江河谷为其提供了适宜的越冬场所。研究者6～7月在藏北的错鄂湖，10月在藏东南的察隅和波密，12月至翌年2月在拉萨河流域、尼洋河流域、雅鲁藏布江中下游流域以及拉萨市区的拉鲁湿地等地都见过普通鸬鹚的身影。在青海湖上游的布哈河口甚至能看到数万只普通鸬鹚集结于该地，蔚为壮观。通常，普通鸬鹚在4～6月繁殖，每窝产卵3～5枚，孵化期为28～30天。雏鸟晚成性，通常需要两个月左右的喂养才能离巢和飞行。在繁殖期，雄鸟的羽色会发生变化，头部和颈部会长出很多白色的丝状羽。

（刘善思/摄）

普通鸬鹚因其擅长捕鱼以及能将捕获的鱼暂存在其喉囊里等特性，被渔民们驯化用来捕鱼。渔民会用草筋扎在鸬鹚颈部防止鱼被鸬鹚吞食下去。因对渔业资源以及野生动物保护等原因，国家现已明令禁止人们利用鸬鹚捕鱼，仅在一些景区会看到渔夫和鸬鹚在竹筏上给大家表演，如桂林的“两江四湖”景区，这是作为一门技艺被保留和传承的。

（执笔人：西藏自然科学博物馆刘善思、
西藏自治区高原生物研究所杨乐）

（杨鑫/摄）

鹈形目

美丽的『东方宝石』——朱鹮

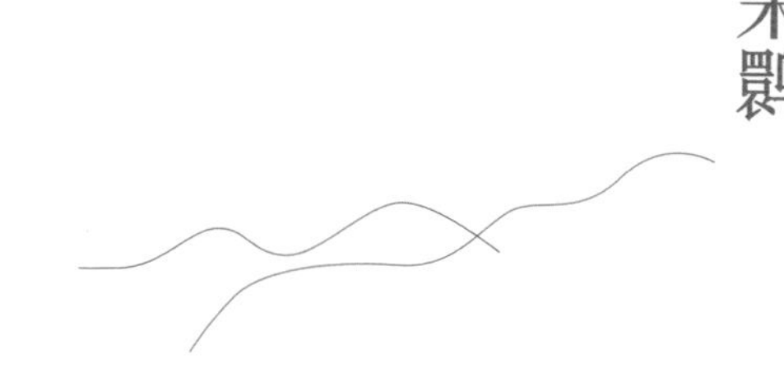

朱鹮（*Nipponia nippon*）曾广泛分布于亚洲东部、朝鲜半岛及日本、俄罗斯和我国大部分地区。20世纪中叶前后，其由于环境污染、食物匮乏以及人类的过度采伐和狩猎而濒临灭绝。1981年5月23日，全球仅存的7只野生朱鹮在我国陕西洋县姚家沟被重新发现，由此拉开了拯救、保护朱鹮的帷幕。朱鹮的重新发现历经40多年最终成功地被拯救，为世界濒危物种的保护写下了辉煌的一页。朱鹮保护被赞誉为“人类拯救濒危物种最成功的典范”从一个侧面展示了我国湿地生物多样性保护及生态文明发展的重要成果。

朱鹮，又名“朱鹭”，俗称“红鹤”，隶属于鹈形目鹮科，素有“东方宝石”之美誉，属世界濒危物种。朱鹮是中等体形的涉禽，两岁时性成熟。成鸟前额、脸颊呈鲜红色，有柳叶状冠羽，喙长而下弯，体羽白色且羽干略沾粉色，飞行时翅下呈淡朱红色，繁殖期颈部、背部和两翼呈铅灰色。朱鹮幼鸟的冠羽较短，喙短且直，喙端和脸颊部为橙色，羽色为浅灰色，6月龄后与成鸟体型类似。

朱鹮喜欢在离农家不远的大树上营巢繁殖，主要在

（杨鑫/摄）

稻田、河流等湿地中觅食。泥鳅、黄鳝、小虾和水生昆虫是朱鹮喜爱的美味佳肴。文献记载，历史上朱鹮有夏候鸟、冬候鸟、旅鸟以及留鸟之分。物竞天择，适者生存，朱鹮和其他鸟类一样，在汉中盆地这片不可多得的风水宝地上繁衍生息，历经了不知多少个春夏秋冬，最终成了这里的留鸟。朱鹮的活动周期可划分为繁殖期（2~6月）、游荡期（6~11月）和越冬期（11月至翌年2月）。

（杨鑫/摄）

进入1月，秦岭南麓的天气逐渐寒冷，朱鹮开始了“谈婚论嫁”。它们不惧严寒，通过水浴涂抹婚羽，并且寻找心仪的伴侣。在食物较为匮乏的冬季，朱鹮会与伴生的鸟儿在河流、田野中觅食，在大树上夜宿，其冬日的生活也显得丰富多彩。

冬去春来，热恋中的朱鹮夫妇坠入爱河，它们在树上交配（交尾），夫妻双方合作搭建爱巢，这是一年中最美好的时光。筑巢完毕，雌鸟开始产卵，一般每窝产卵2～4枚，卵如鸭蛋大小。从第一枚卵产下开始，雌鸟雄鸟轮流坐巢孵化，28天之后雏鸟就会相继出壳。

夏日来临，自然界所有生物都在迅速生长。朱鹮小宝宝一天天长大，食量也逐渐增长。从清晨到傍晚，父母轮流外出觅食，耐心喂养雏鸟。有时，为争抢食物，小鸟之间也会“打斗”。出壳40多天，幼鸟体形已接近成鸟体形，它们开始跌跌撞撞地跟随亲鸟离巢飞行，在稻田中学习觅食本领。大约60天后，幼鸟体重接近1500克，能娴熟地捕捉食物，便开始了独立生活。繁殖期的朱鹮受到陕西朱鹮自然保护区的严格保护；幼鸟离巢前，保护区工作人员会给幼鸟戴上环志。这项工作数十年从未停止，野生朱鹮的家族谱系也因此得以建立。

盛夏时节，朱鹮双亲先后带上儿女们告别巢域，开始飞向更加广阔的天地。千百年的进化使朱鹮的育雏期与当地水稻的翻耕播种时期几乎同步，丰富的稻田生物为朱鹮的繁殖提供充足的食物来源。当秧苗封垄时，朱鹮便不再去稻田觅食。作为人类的朋友，它们对物候、环境的利用可谓恰到好处。离开巢区的朱鹮陆续成小群活动，它们集群夜宿于树林，觅食于汉江流域的沼泽浅滩，与其他动物一起度过酷暑和初秋。

6～11月，朱鹮进入了游荡期。其中的秋季是朱鹮一年中羽色最美的时节，这一时期其繁殖期颈背部的灰色婚羽已逐渐褪去，飞翔时翅下羽毛闪烁着绯红，在阳光照耀下与秋天绚烂的色彩相映生辉。此时的朱鹮集大群栖息，日出而飞，日落而归，成为汉中盆地上最美的生态画卷。

从孤羽七只到千鸟竞翔，40多年来，经过鸟类保护工作者和社会各界人士的不懈努力，朱鹮家族从濒危走向复兴，种群数量从最初的7只发展到全球7000余只，其中，野生朱鹮种群数量达4400余只，分布范围从不足5平方千米的区域扩展到1.6万平方千米的区域。同时，朱

（杨鑫/摄）

鹮的保护工作也带动了秦岭等地的生态空间修复，保护了其他野生动物种群，促进了当地绿色发展。对朱鹮的保护是实现人与自然和谐共生的成功案例，为全球濒危物种的拯救提供了“中国方案”。

（执笔人：陕西汉中朱鹮国家级自然保护区高洁）

自带琵琶的捕鱼能手
——白琵鹭

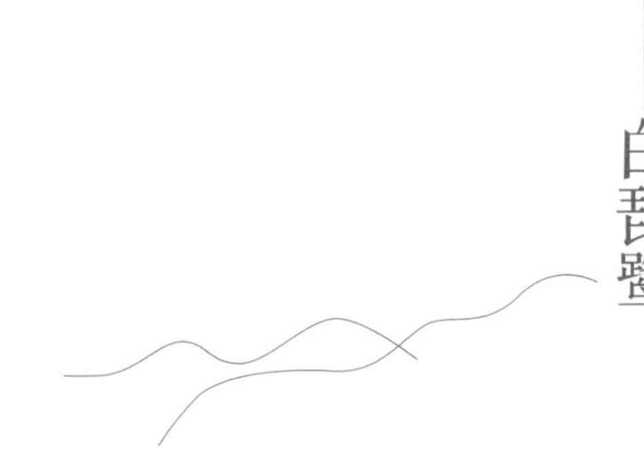

白琵鹭（*Platalea leucorodia*）全身雪白，长着一张酷似琵琶的黑嘴，具有典型鹭鸟的特点——嘴长，腿长，脖子长，白琵鹭因此得名。白琵鹭有位大名鼎鼎的亲戚，名叫“黑脸琵鹭”（*Platalea minor*）。听名字就知道，白琵鹭与黑脸琵鹭主要的区别就是前者脸不黑，后者脸黑。此外，成年白琵鹭嘴的顶端呈黄色，这也是重要的区分点。两者常常组队出现，没有经验的观鸟者往往因此而搞混。

白琵鹭与黑脸琵鹭在觅食习性上极为相似，两者都是浑水摸鱼的高手。凭借触觉出众的琵琶嘴，通过来回摆动的扫荡动作，它们可以轻松捕捉到鱼类。

说到捕鱼，鹭类和鹳类都是捕鱼好手。俗话说：“同行是冤家”，那为何还可以经常看到它们在一起活动呢？它们是如何保持和谐关系的呢？对比东方白鹳与白琵鹭觅食地点与方式，比较其差异，不难发现，看似接近的觅食方式实则有着细微差别。东方白鹳的觅食地水深显著大于白琵鹭：白琵鹭觅食地的水深为5～20厘米，而东方白鹳觅食地的水深为5～40厘米。两者取食方式不同：白琵

（王绍良/摄）

鹭一般只会将半截嘴斜插入水中觅食，而东方白鹳可以将喙部、头部甚至是颈部伸入水中取食。两者默契地各行其道，有效地避免了种间竞争。

白琵鹭全球广布，比起其亲戚黑脸琵鹭的处境好很多。其东亚的种群数量就有接近20000只。超过90%的种群都在中国越冬，越冬主要分布地包括：江苏省石臼湖，安徽省菜子湖、升金湖、枫沙湖、七里河、黄陂湖、武昌湖，江西省鄱阳湖，湖北省沉湖、府河、鲁湖、网湖、黄盖湖、海口湖，湖南省南洞庭湖和东洞庭湖等。

40%以上的种群都在鄱阳湖越冬。到了繁殖期，它们会飞往北方，它们在我国主要的繁殖地为黑龙江七星河国家级自然保护区。

与它们的觅食一般和谐无二的是它们的繁殖。如果读者见过鹭鸶林，就能理解。在鹭鸶林中，一棵树上可以生活着许多窝的家庭，有的看上去甚至如“隔间”公寓般紧紧地挨着。白琵鹭也一样，虽然它们的繁殖地点在芦苇丛中，但它们依旧保持着它们“邻里友好”的策略。

白琵鹭常与苍鹭聚集繁殖，它们都会选择芦苇丛。它们之间往往相距不远，只相隔1～2米的情形也很常见。可以说，哪家“夫妻”吵架，哪家“娃”哭闹喊饿，大家彼此一清二楚。它们建巢依旧维持鹭家家风——打下地基草草完事。它们的窝远看就是一个大平台；近看平台的中间微凹，形成浅盘状。它们建巢也就地取材，主要用芦苇叶编织，再摘取一些蒲草。大多数时候，它们只是简单修改旧房即可，无须大费周章新建房舍。

此外，白琵鹭们还有一个“神技”，它似乎能预测一年的降水量。白琵鹭筑巢距离地面的高度一般会超过沼泽内最高水位的高度，还要留出10厘米以上的富余空间。可见，它们已经了解这片芦苇沼泽的年度水位变化，并能对此做出适应和调整。

每个湿地物种的生命智慧就像白琵鹭对筑巢高度的衡量的智慧一样，渗透在它们生活中的点点滴滴里。只要耐心地、仔细地去观察，去研究，就能发现它们的智慧光芒。目前，我们对湿地生物多样性的了解还远远不够；在充分了解它之前，我们得把湿地保护好。

（执笔人：壹木自然学院王绍良）

蒙面群舞者——黑脸琵鹭

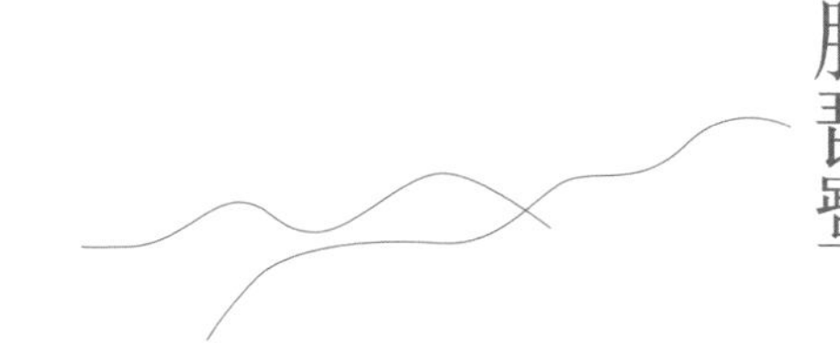

浙江舟山小干岛是一块狭长的湿地，东、西、北三面围海工程将滩涂区和海水进行了部分隔离，形成了较大面积的潮间带，有大群的水鸟在此越冬。其中，浅水区域的黑脸琵鹭（*Platalea minor*）和白琵鹭（*Platalea leucorodia*）组成的联合分队最为耀眼。两种琵鹭全身羽毛洁白，喙和足黑色，唯一的区别是黑脸琵鹭前额、眼周的裸皮也是黑色，形成鲜明的“黑脸”。黑脸琵鹭喙的端部扁扁圆圆的，整个喙看起来和乐器琵琶很像，因此人们称之为“琵鹭”。这张极有特色的喙上有很多触觉细胞，黑脸琵鹭依赖它们来寻找食物。取食的时候，黑脸琵鹭将长长的喙埋入水中，头会像醉酒了一样缓慢左右摇摆，又像是在水中扫雷一样来回搜寻，如一个蒙面舞者在低头跳着探戈，而且还是群舞。一旦捕捉到水底层的鱼、虾、蟹、软体动物或水生昆虫等“美味”，它就用长长的喙将其拖出水面。只见它一弯腰，一弓背，一甩头，沉甸甸的食物就如同运动员脚下或手中的足球一样颠起来了，戏弄一下之后，它便将其吞入腹中。黑脸琵鹭在休息时蜷缩在芦苇荡里，像雕塑似的一动不动。在觅食时，它的一

（胡鹏/摄）

举步，一伸脖，一摆尾，一转眼，一低头，乃至羽毛的微扬、黑爪的轻舞，都如沐春风。

2019年开始，黑脸琵鹭每年都会挑选这里作为越冬地，在11月准时报到。到了第二年的4月，它们开始向北迁徙，飞向繁殖地。它们在朝鲜、韩国沿海以及我国辽宁省部分偏远湿地繁殖。每年4月，它们会换上自己极具特色的结婚礼服：金黄色羽冠和黄色颈环，从越冬地飞回到繁殖地。一夫一妻是它们的标准组合形式；一旦结为夫妇，它们就会在4月末和5月初交配产卵。一个月的工夫，幼鸟就可以离巢活动。到了8月下旬，黑脸琵鹭一大家子就离开了繁殖地，向南寻找自己的越冬地。中国的浙江、福建、广东、海南、香港和台湾都有它们稳定越冬的记录，这些越冬地共同的特点是视野开阔，水面较浅，食物丰富，就近有隐蔽点。

黑脸琵鹭所属的琵鹭亚科共有六种，黑脸琵鹭是唯一的受胁物种。2021年2月调整的《国家重点保护野生动物名录》将黑脸琵鹭从国家二级保护野生动物升级为国家一级保护野生动物。近年来，随着湿地保护与修复的力度不断加大，我国生态环境得到明显的改善，为黑脸琵鹭的种群恢复提供了条件。2021—2022年的越冬期同步调查共记录到6100多只黑脸琵鹭的踪迹，显示其生存状况得到了进一步的改善。由于黑脸琵鹭对环境变化十分敏感，未来对其野生种群及其栖息地还需要持续给予关注与保护。

（执笔人：舟山市自然资源和规划局陈斌）

互利共生的典范

——牛背鹭

春暖花开的季节，行走在“中国最美乡村”婺源的田间地头，可以看到这样一幅和谐的画面：一些牛慵懒地趴在草地上休息，背上站着一两只黄白色的鸟儿。鸟儿时而低头啄食牛背上的寄生虫，时而伸长脖子四处张望，提防危险的到来。那牛起身在草地上踱步或低头啃食地上的嫩

（洪兆春/摄）

（徐巴蜀/摄）

草时，鸟儿也不会离开，而是尽情享用草地上被牛惊起的昆虫。耕犁时，鸟儿也会跟在耕牛后面啄食翻耕出来的昆虫。因为喜欢和牛待在一起，且时常站在牛背上，这种鸟得名“牛背鹭”（*Bubulcus coromandus*）。

牛背鹭从牛那里获得食物的同时，牛也从这种鸟这里获利。一方面，牛背鹭帮牛去除身上的寄生虫，让它们免受蝇虫侵扰；另一方面，牛背鹭也为牛担任警卫，一旦发现危险也能提醒牛逃跑。通常，一头牛背上停留1只牛背鹭，最多2只。若有第三只牛背鹭想来凑热闹，前两只就会联手将它赶走，这大概也是一种领域保护行为。牛背鹭和牛之间这种互惠互利、和睦相处的关系称为“互利共生”关系，它们之间互利共生的典范常被人津津乐道。

（傅定一/摄）

牛背鹭是中型涉禽，站立时蜷缩着脖子，弯着背，像个驼背小老头。它的羽毛颜色在不同季节会有不同变化。冬季它通体白色，看起来非常普通；而到了春季，为了吸引异性，牛背鹭的头和颈会换上艳丽的橙黄色羽毛，前颈基部和背中央也会长出橙黄色的长条装饰羽，显得格外美丽。大多数鹭类以鱼类为食，牛背鹭却不走寻常路，喜食昆虫。牛背鹭取食的食物数量达30余种，85%以上为昆虫，包括蝗虫、蟋蟀、金龟子、蝴蝶等，它也吃蜘蛛、青蛙、褐家鼠等。随着雏鸟年龄的增长，它们的食物种类会发生变化。1~5日龄雏鸟主要吃昆虫；5~9日龄雏鸟除吃昆虫外，还吃一些小的软体动物、蛙和鱼等；9日龄雏鸟能吃较大的蛙、鱼和鼠类。

牛背鹭原有的分布地是非洲大陆，近百年内牛背鹭在世界各地迅速繁殖，扩张领地。1877年，牛背鹭出现在南美洲的圭亚那，之后陆续出现在南美洲北部各个国家。1958年牛背鹭出现在北美洲的危地马拉，1959年出现在墨西哥。我国科学家还在南极长城站周边记录到牛背鹭。科学家认为，牛背鹭可能从非洲西北横跨大西洋，到达南美洲东北海岸，之后逐渐向周边扩张领地，飞越加勒比海抵达北美洲。

牛背鹭为何能实现全球领地迅速扩张呢？这可能是由于人类生产活动为牛背鹭的领地扩张创造了条件。畜牧业的迅速发展、高密度牛群养殖产生了大量的牛粪，使得昆虫滋生，为牛背鹭提供了丰富的食物资源。水稻种植、河流蓄水和灌溉系统建设等也为牛背鹭提供了适宜栖息地。

牛背鹭自身强大的适应能力也促进了其分布范围的迅速扩张。现代农业机械化程度不断加深，农民饲养的耕牛越来越少。但牛背鹭很好地适应了机械耕作，它们会跟随在耕犁后面寻找翻耕出来的昆虫和土壤动物。牛背鹭常与夜鹭、白鹭等其他鹭类集群营巢在大树上。研究人员发现，当靠近树干、位置较高的有利营巢点被其他鹭鸟占领时，牛背鹭毫不嫌弃，不去占领新的大树，反而选择树冠的侧枝筑巢，与其他鹭鸟共栖一树。由此可见，牛背鹭性情温和，可以和同种、不同种鹭鸟友好相处。

（执笔人：北京林业大学王文娟）

『守株待兔』的行家——苍鹭

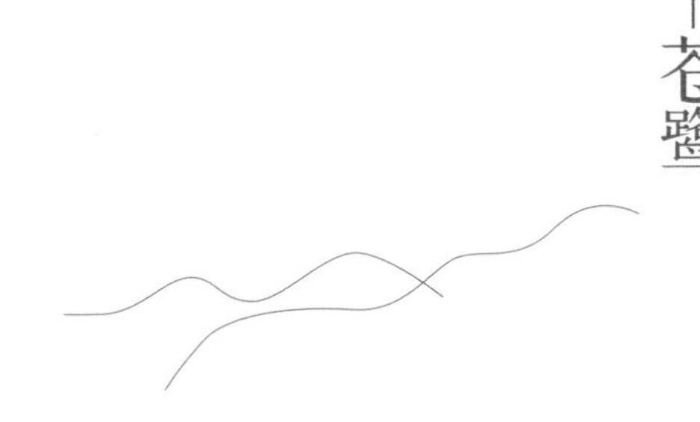

从南非福尔斯湾到俄罗斯贝加尔湖滨，从英国泰晤士河畔到我国的长江口，都能经常看到一种静静地站在浅水中保持不动的灰色大鸟。漾漾水面，它不为所动，直到有鱼儿游进它的视野，它尖锐的喙会急速插入水中将其叼起，狼吞虎咽后又恢复平静，仿佛一切从来没发生。这种大鸟便是苍鹭（*Ardea cinerea*），是非洲和欧亚大陆极为常见的水鸟。

苍鹭在我国南方多为冬候鸟，也有部分个体留在南方繁殖，在北方则为夏候鸟。苍鹭身高可达1米，翼展1.55~1.95米，是名副其实的大型涉禽。上半身主要为灰色，颈中央有黑色纵纹，喙橘黄色，在繁殖期它头顶会长出一根长长的饰羽，随风飘逸，显得神采飞扬。

苍鹭被认为是高度机会主义的物种，它会吃掉几乎所有它能够捕捉到的动物，主要为鱼类，还包括昆虫、两栖动物、爬行动物甚至小型哺乳动物。此外，它还会吃极少量的植物。作为非猛禽鸟类的苍鹭甚至有捕食小䴙䴘幼鸟、黑水鸡幼鸟的记录。

研究表明，野生动物对于捕食时刻都在权衡捕食成

（张荣峰/摄）

本与能量收益；如果捕食所消耗的能量大于所获得的能量，它就会身陷生存危机。生命演化长河中，不同动物形成了不同的觅食策略。苍鹭采取了一种特别节省能量的捕食方式，类似于“守株待兔”，即长时间站在浅水中保持不动，鱼儿会因为偶然或是被阳光下苍鹭身体的阴影所吸引而游到苍鹭身边。这时，苍鹭就会以迅雷不及掩耳之势利用尖喙擒住鱼儿，它尖锐的喙甚至能瞬间将鲫鱼身体刺穿，然后将其整条吞入腹中。这种低能量成本的捕食方式和以高能量的动物性食物为食的习性使得苍鹭无须频繁捕猎便能满足其能量需求。因此，它大部分时间都缩着长长的“S”形脖子站在浅水中或是岸上休息，因此被人们称作“长脖老等”。笔者在鄱阳湖做野外调查的时候经常能观察到站立不动的苍鹭，若不是微风吹起它的羽毛，笔者甚至分辨不出它们到底是尊雕塑还是活物，它们与泥滩上奔忙取食的金眶鸻形成了鲜明的对比。在水中站立不动的苍鹭还是得力的“科研助手”——游禽栖息环境的水深数据比较难直接获取，研究者便通过观察水面没过附近苍鹭腿的位置来间接获取水深数据。

苍鹭是一种“成功”的鸟类，它们分布广泛，种群数量巨大。苍鹭广泛的食性、节省能量的觅食策略是它面对大自然无情的挑战时取胜的法宝，它是当之无愧的“守株待兔”的行家。

（执笔人：江西师范大学杨福成、邵明勤）

归去来兮的诗意精灵
——白鹭

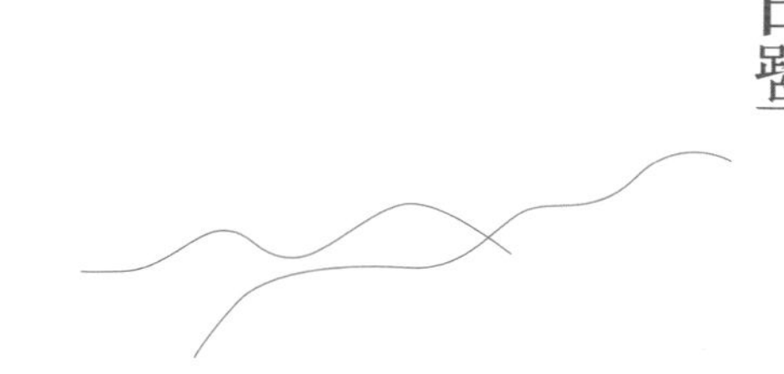

“两只黄鹂鸣翠柳，一行白鹭上青天。”唐代著名诗人杜甫的千古名句沉淀了人们对白鹭（*Egretta garzetta*）的经典记忆；即使没见过它，凭借诗句对其也有几分想象。白鹭因全身羽毛洁白如雪而得名。

在历代文人墨客笔下，白鹭既有湿地田园的诗情画意，又有情牵四季的淡淡乡愁，诗例不胜枚举，如“漠漠水田飞白鹭，阴阴夏木啭黄鹂。”（［唐］王维《积雨辋川庄作》）“雪衣雪发青玉嘴，群捕鱼儿溪影中。惊飞远映碧山去，一树梨花落晚风。”（［唐］杜牧《鹭鸶》）“白鹭拳一足，月明秋水寒。人惊远飞去，直向使君滩。”（［唐］李白《赋得白鹭鸶送宋少府入三峡》）“白鹭儿，最高格。毛衣新成雪不敌，众禽喧呼独凝寂。孤眠芊芊草，久立潺潺石。前山正无云，飞去入遥碧。”（［唐］刘禹锡《白鹭儿》）唐代诗人张志和的“西塞山前白鹭飞，桃花流水鳜鱼肥”更是家喻户晓。

从这些诗句可以看出，白鹭在各类湿地都有分布，既有大江大河也有稻田小溪，不过大家经常把大白鹭（*Ardea alba*）、中白鹭（*Ardea intermedia*）、白

（袁超/摄）

琵鹭（*Platalea leucorodia*）、牛背鹭（*Bubulcus coromandus*）都认作白鹭。仔细观察之下便会发现它们的不同。白琵鹭最好区别，它的嘴前段扁平膨大，略像一只琵琶，其他四种鸟的嘴都是直且尖的；白鹭是黑嘴黑腿，穿着黄绿色的鞋；牛背鹭是黄嘴，腿脚全黑；中白鹭和大白鹭最容易识别的特征在其嘴巴开裂的程度，大白鹭嘴裂到了眼后，而中白鹭嘴裂不过眼。鹭鸟们繁殖期又会换上繁殖羽和婚姻色。

鹭类还有个优雅的名称——鹭鸶。如果你见过一众白鹭的“婚服”，很容易理解鸶字何来。鹭类在繁殖期间都或多或少会长出一些装饰性的丝状或蓬松的羽毛，即繁殖羽。白鹭的繁殖羽是头上长着的两根小辫状的羽毛及肩上和胸上长着的如蓑衣一般披着的羽毛。明代著名医药物学

白鹭胸前下垂的和翅膀上披散的繁殖羽（王绍良/摄）

家李时珍也观察到了："顶有长毛十数茎，毵毵然如丝，名曰丝禽。"用今天的话说，就是它繁殖期间会生出长长的丝状羽毛披下，所以叫"丝禽"。

我们周边有一些地名带有"鹭"字，其中，最出名的要数"鹭屿""鹭岛"，就是如今的厦门。江西出名的四大书院之一的文天祥的母校——白鹭洲书院，都因附近白鹭频繁出现而得名。古代六品官员的官服上绣有白鹭的图案，因此北魏时有官员被称为白鹭。《魏书·官氏志》记载："以伺察者为候官，谓之白鹭，取其延颈远望。"

在古人眼里，白鹭是高洁的代表。网络时代，它最出名的却是表情包的一张表情——白鹭在危险的边缘疯狂试探。图中一只身材修长的白鹭伸出一条细长的腿在不停地左探右探，如同前方有什么危险一样。其实这是白鹭独特的觅食方式。用脚在浅水中不停地抖动，以此惊扰小动物，它便可以乘机捕食。

白鹭繁殖时场面十分壮观，也颇为吵闹。它们会成群结队，占据林子，直接筑巢在树上。白鹭的左邻右舍也会有家长里短，摩擦争吵不断。和白鹭筑巢营家一样，人类也在不断开疆拓土，建设城市、营造家园。城市化进程中，土地的利用格局被改变，原来的湿地农田、水网生境被破坏，景观破碎化加剧，白鹭栖息地质量降低，栖息地面积缩小甚至消失，使白鹭面临生存危机。

"有时候稻田里伫立着一只白鹭，蜷着一条腿，缩着颈子，有时候'一行白鹭上青天'，背后还衬着黛青的山色和釉绿的梯田……"梁实秋散文《鸟》中的湿地一派美好，在其间活动的白鹭活泼自在；为了留住美好，保护湿地、建设生态城市十分必要。

"归去来兮"，让白鹭圆梦湿地家园。

（执笔人：壹木自然学院王绍良、重庆自然博物馆洪兆春）

迎来保护希望的『中国鹭』

——黄嘴白鹭

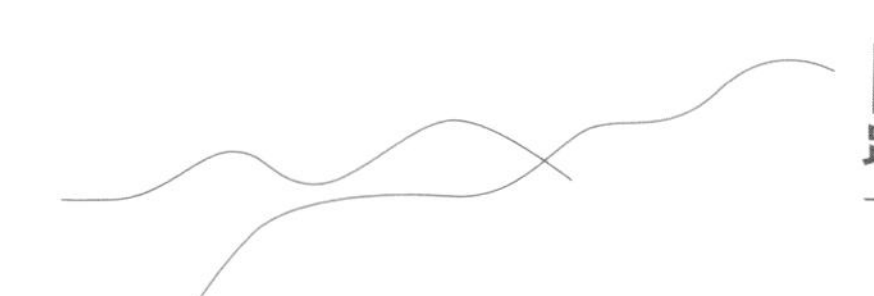

19世纪60年代，英国鸟类学家罗伯特·史温侯（Robert Swinhoe）在中国厦门发现一种与白鹭（*Egretta garzetta*）略有差异的白色鹭，将它命名为"中国鹭"（Chinese egret），这就是我们要介绍的黄嘴白鹭（*Egretta eulophotes*）。黄嘴白鹭又被称为"唐白鹭"，以往在中国并不罕见，如今已成为珍稀濒危物种，被列为国家一级保护野生动物，也被列为《世界自然保护联盟红色名录》易危（Vulnerable，VU）物种。

（曹阳/摄）

（曹阳/摄）

在非繁殖季节，黄嘴白鹭的一身白色羽毛并不十分突出。这时，它的嘴为黑褐色，眼先裸皮为浅蓝绿色，跗趾黄绿色，脚趾为黄色。这样的长相看起来与白鹭极为相似，常常让人难以分辨。而到了繁殖季节，黄嘴白鹭则会换上一身非常漂亮的“衣裳”，十分亮眼。此时，它的喙变为橙黄色或橙红色；眼先裸皮则呈鲜艳的蓝色，就像镶嵌了蓝宝石；跗趾变为黑褐色，在阳光下会泛着油光；脚趾也会变为明亮的黄色。最神奇的是，那一身白色羽毛中会长出华丽的饰羽。它的头后会长出许多长短不一的细长羽毛，形成羽冠；下颈饰羽细长，贴覆在胸部；肩羽则延伸至尾部。它张开身上的羽毛就像在展示身上这件洁白的婚纱，轻羽随海风飞舞，俊逸而美丽。然而，这一身漂亮的羽毛也曾给黄嘴白鹭带来几乎灭顶之灾。至少从17世纪开始，这些漂亮的丝状羽毛就被用来装点服饰或被制成精美的工艺品；到19世纪时更发展为一种热潮，经销商经手的白鹭皮数量多达数百万张。这也是黄嘴白鹭种群数量快速下降的主要原因之一。到21世纪初期，有报道称，黄嘴白鹭的全球种群数量估计在2000～3400只。

（曹阳/摄）

（蒋胜祥/摄）

黄嘴白鹭的分布范围狭窄，它们喜欢滨海湿地，包括潮间带滩涂、河口、海岛、盐田、稻田等。而繁殖时，它们则到俄罗斯东部、中国东部、韩国和朝鲜沿海地带的小型岛屿上，且大部分繁殖于我国黄（渤）海地区的近海岛屿上。黄嘴白鹭沿东亚－澳大利西亚迁飞区（EAAF）迁徙，迁徙停歇集中在我国东部沿海滩涂，越冬地包括我国东南部、南部沿海、曾母暗沙附近，以及东南亚国家的沿海区域。通过卫星跟踪研究也发现，个别黄嘴白鹭会沿我国内陆迁徙，到达缅甸、泰国、柬埔寨等国的滨海湿地越冬。

我国的滨海湿地是黄嘴白鹭的主要栖息地，但由于缺乏全国性的黄嘴白鹭专项调查，其种群现状尚不足够清晰。早期研究表明，黄嘴白鹭在我国浙江五峙山列岛、辽宁长山列岛、山东、江苏、福建等沿海岛屿的繁殖种群多为零星分布的小种群。但近年来，辽宁省大连市沿海岛屿上黄嘴白鹭的繁殖数量已达3000只，该区域已成为黄嘴白鹭最主要的繁殖地。目前，中国黄（渤）海候鸟栖息地（第二期）世界遗产的申报工作正在有条不紊地进行，其中包括大连蛇岛-老铁山候鸟栖息地和长山群岛候鸟栖息地两处提名地，黄嘴白鹭的保护之路迎来了新的曙光。

（执笔人：北京林业大学贾亦飞）

迁徙于高原与海岸线之间的大型水鸟
——卷羽鹈鹕

卷羽鹈鹕（*Pelecanus crispus*），是国家一级保护野生动物，因头部长着先天卷曲的羽毛而得名，有长长的喙，下部具有巨大的喉囊，用于捕食鱼类，并将水挤出。卷羽鹈鹕分布于欧亚大陆，而我国记录到的是其东亚种群的信息，目前数量已不足130只。该种群繁殖于蒙古国西部的高原湖泊，全部于我国的东南沿海地带越冬。与卷尾鹈鹕亲缘相近的鸟类还有白鹈鹕、斑嘴鹈鹕，二者在我国都有分布的记录。

鹈鹕是比较早在我们的历史文献里被记载的鸟类，中国第一部词典《尔雅》曰："鹈鹕，鴮鸅（郭璞症曰：'今之鹈鹕也，好群飞，入水食鱼，故名夸罩，俗呼为陶河'）。"鹈鹕的形象同样存在于古代的一些文物中，例如，北京延庆出土的战国时期的鹈鹕鱼纹敦，云南昆明晋宁区石寨山出土的西汉时期的鹈鹕衔鱼铜扣饰等。直到今天，憨态可掬的鹈鹕也同样受到观鸟者的喜爱。

每年10月初，卷羽鹈鹕从蒙古国西部繁殖地出发，朝西南方向飞行进入我国境内，随后沿着黄河飞行，在河套平原直接飞到渤海湾，再沿着海岸线迁徙，经过山东黄河三角洲国家级自然保护区、江苏盐城世界自然遗产地等，直至越冬地。目前，浙江省温州湾湿地和福建省罗源湾湿地是卷羽鹈鹕最主要的越冬地。近些年，还有少量卷羽鹈鹕会在宁夏银川黄河沿岸、西安渭河湿地、武汉沉湖等地越冬。

当年出生的卷羽鹈鹕具有较强的迁徙学习和适应能力。2020年12月初，一只落单的幼鸟长期出现在山东胶州湾，虽然其觅食正常，但却牵动人心。山东鸟友每天关注它的动态，绘制“盼望南迁”的简画表达关心，庆幸的是，它经历了多次南北折返迁飞后，最终顺利到达了越冬地。

在卷羽鹈鹕蒙古国的繁殖地，猎杀是这种鸟最主要的威胁。当地牧民将卷羽鹈鹕的喙制作成马刷，迷信地认为

（赵锷/摄）

被这种马刷刷过毛的马可以为赛马带来好运。在我国，沿海地区的围垦导致栖息地丧失是它最主要的威胁。2022年4～5月，希腊的卷羽鹈鹕因禽流感死亡超过1800只个体，这是另一个致命的潜在威胁。

在国际上，为加强这种珍稀鸟类的保护，“卷羽鹈鹕保护行动计划”于2018年被提出。2019年7月，由中国、蒙古国和俄罗斯等代表组成的东亚-澳大利亚迁飞区伙伴协定（EAAFP）卷羽鹈鹕保护临时工作组成立。中国林业科学研究院亚热带林业研究所也开展了一系列卷羽鹈鹕的调查和研究。比如，首次开展了卷羽鹈鹕东亚种群的同步调查并进一步精确了其数量，首次卫星跟踪了卷羽鹈鹕并获取其迁徙信息，组建了“中国卷羽鹈鹕保护网络”等。有关人士认为，今后，应加强中国与蒙古国的交流与合作，共同致力于卷羽鹈鹕东亚种群的保护和壮大。

（执笔人：中国林业科学研究院亚热带林业研究所焦盛武）

（刘善思/摄）

鹰形目

顿顿享用河鲜湖鲜的猛禽——鹗

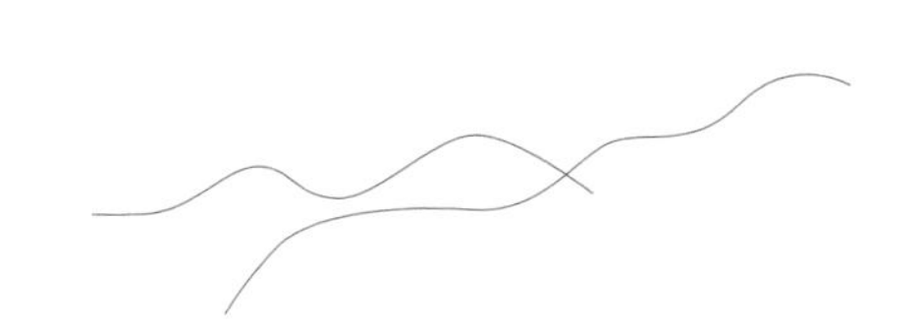

鹗（*Pandion haliaetus*）是一种善于捕鱼的猛禽，分类上属于鹰形目鹗科。这个科只有一属一种。鹗俗名叫“鱼鹰”，同叫鱼鹰的鸟类还有普通鸬鹚，后者虽然擅长捕鱼，但并不是猛禽中的一员。所以，鹗更能担得起“鱼鹰”之名。《康熙字典》“正字通”解说：“鹗翔水上，扇鱼令出，啖之，故名沸波。”沸字古时发音为“弗”声。在古人的记载里，鹗好像会仙法一般，拂波可令鱼出水。

鹗捕猎时一般是在距离水面10～40米的上空盘旋寻找猎物，发现目标即刻俯冲而下。鹗的眼睛可以远距离锁定目标。它加速俯冲时，身体折叠如满月的弯弓，头和脚都直直地向前伸出，像极了正在进行坐位体前屈的人。有时鱼儿在浅水区，它们在水面上掠过一啄即可将其捕获，继而美餐一顿。如果鱼儿在深水区，它们就得拿出高台跳水的本领，扎入水中，潜水捕鱼。

为更好地捕鱼，鹗的身体结构发生了许多适应性变化，最直接的变化就是爪的变化。吃过鸡爪的人一定知道，鸟爪有四趾，通常三趾朝前一趾朝后，且是固定的，无法前后调整。但鹗不一样，它弯曲的长爪外侧脚趾能够

（曹阳/摄）

向后翻转；捕鱼时四个脚趾会变成二比二的抓握状态，脚趾的趾底布满角质小刺，能牢牢抓住滑溜的鱼，制服与其体重相当的大鱼也不在话下。

由于要和水打交道，鹗相应地装备上了防水设备。鹗的尾脂腺能排出一种润滑羽毛的防水分泌物，当它入水捕鱼时，能有效防止自己变成“落汤鹰”；它鼻孔内的鼻瓣就像一副可控制的“开关”，防止水冲入自己的鼻孔里。

鹗在全球范围内分布广泛，在《世界自然保护联盟红色名录》中，它处于无危等级。当然，目前的无危并不代表它们没有受到威胁。曾经威胁鹗生存的主要因素是农药滴滴涕（DDT）的滥用。20世纪DDT杀虫剂问世，因为它对绝大多数昆虫有抑制作用，便受到了人们的热烈追捧。在学界尚未论证清楚DDT杀虫剂会对自然产生何种影响的情况下，DDT杀虫剂就已经广泛应用。人们滥用

DDT杀虫剂，使河流湖泊受到了污染，从而污染了生活在水里的鱼类。我们都知道富集效应：环境中的有毒物质会随着食物链层层累积到食物链末端的物种体内。当鹗吃了这种因污染而有毒的鱼，农药沿着食物链最终积聚到鹗的体内，干扰它的钙代谢，影响了其繁殖能力。它们的卵壳变得薄而易碎，不能正常孕育出生命。

很庆幸的是，这个现象被人们发现了，自20世纪70年代初，世界各国陆续禁止DDT等有害杀虫剂的使用，同时通过人工引种的有效实施以及相关法律的大力保护，鹗以及其他受影响的猛禽种群获得了显著恢复。由于猛禽是采用典型的K式繁殖策略，即少生优育策略，以及DDT等杀虫剂在全球禁止使用直到2004年才生效，所以，鹗等猛禽的种群恢复工作依然任重道远。

（执笔人：壹木自然学院王绍良）

水陆空的全能捕食者
——白尾海雕

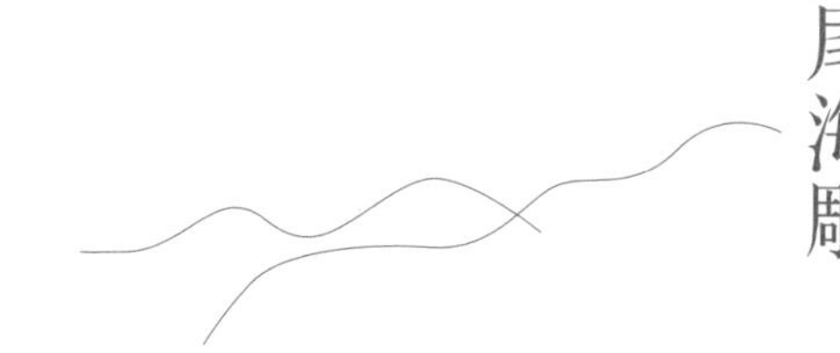

冬季的清晨非常寒冷，但西藏拉萨市林周县的卡孜水库中却是热闹非凡，数量超过1万只的雁鸭和数百只黑颈鹤在水库西南侧鸣唱着晨曲。突然，这祥和宁静的画面被斑头雁群的满天乱飞、惊叫连连所打破，大多数赤麻鸭和

（刘善思/摄）

斑头雁迅速飞离了水库往农田去了，也有很多又落回到水面上。当天空重新安静了下来时，只见不远处的冰面上，一只白尾海雕已经完成了它的狩猎。它用强有力的爪子按住一只斑头雁，同时用锐利的喙撕食着；没过多久，冰面上只剩下了一堆雁毛。而后，已经吃饱了的白尾海雕飞往湖中央的冰面上站立着，待在那里长时间不动……这里是西藏中南部雅鲁藏布江流域最为重要的雁鸭类动物越冬栖息地之一，它依托附近广袤的农田，每年都有超过20种水鸟将这里作为它们的夜宿地。

白尾海雕（*Haliaeetus albicilla*），顾名思义，是因尾巴为白色而得名。其实，它的尾巴还具有短且呈楔形的特征。成鸟身体整体为深褐色，喙和脚均为黄色，爪子黑色，虹膜为黄色，眼神看起来非常犀利、凶狠。但幼鸟的

（马茂华/摄）

颜色多有不同，喙黑色，而基部为黄色，需要四五年才能完全变成黄色，尾部下方为白色但有黑色的边缘，随着年龄的增长，尾羽颜色逐渐变白，完全变白需要八年左右。猛禽之所以较难辨认，其成鸟与亚成鸟羽色差异较大是主要原因之一，不同年龄的个体的羽色也会有很大差异。

白尾海雕具有很强的捕食能力，可以在空中非常敏捷地捕捉雁鸭类和鸥类，也可以在地面上捕食鼠类和野兔，还可以迅速地抓起水中的鱼类。它性情凶猛，处于食物链的顶端，还能与金雕、虎头海雕等大型猛禽争抢食物，且常为胜者，是名副其实的水陆空全能捕食者。

白尾海雕名为海雕，与“海”密切相关，栖息于湖泊、河流、海岸、岛屿及河口等水域附近，广泛分布在欧亚大陆上，在我国也分布较广，除海南外见于全国各省份。白尾海雕同样具有迁徙习性，主要在中国东北部、西

（傅定一/摄）

部繁殖，在东南沿海和西南越冬；其他地方的多为旅鸟，偶尔见到。繁殖期大概在4～6月，通常筑巢在隐蔽条件好、食物资源充足、距离水源近的地方，多见于高大的树上或者悬崖岩石上，孵化期在35～45天内，雏鸟需2～3个月方可离巢、飞翔。

白尾海雕虽然分布广泛，但种群数量并不多；虽然性情凶猛，但又很脆弱，实则是一种极度濒危的物种，已被列为国家一级保护野生动物。近年来，我国采取禁止人类猎捕活动、禁止化学杀虫剂使用以减少其间接中毒风险等措施，积极保护白尾海雕的栖息地。未来，还要加强对该物种的研究与保护，以便让这种掠视水陆空的全能霸主在天空中自由翱翔。

（执笔人：西藏自然科学博物馆刘善思、
西藏自治区高原生物研究所杨乐）

（谭文奇/摄）

佛法僧目

美丽的隧道工程师

——普通翠鸟

延伸到湖面的树枝上站着一只五彩斑斓的小鸟，它长时间一动不动地凝视着水面，突然像一道蓝色闪电般俯身冲入水中，用它那细长而尖利的喙刺破水面，出水时嘴里已叼住一条小鱼，它就是普通翠鸟（*Alcedo atthis*）。

关于翠鸟捕鱼，唐代诗人钱起的《衔鱼翠鸟》一诗早有生动描绘："有意莲叶间，瞥然下高树。擘波得潜鱼，一点翠光去。"

普通翠鸟是有名的捕鱼能手，所以也被称作"鱼狗"或"鱼虎"，特别喜欢吃小鱼小虾。翠鸟在水边观察小鱼时，由于光在空气和水中的折射率不同，小鱼在水中的实际位置要比看到的深一些，加上水面的波动和小鱼的游动，翠鸟要精准地捕捉到小鱼就需要准确预判鱼的位置，这需要具备高超的捕食能力。

普通翠鸟体长约15厘米，通体羽色青翠且具金属光泽。喙和脚红色，喙的长度占体长近一半；背部中央有一条鲜艳的浅蓝色带；胸部和腹部栗色。翠鸟羽毛中的蓝绿色是靠羽毛中类似棱镜的结构将光折射形成的，也被称为结构色。《本草纲目》中记叙："背毛翠色带碧，翅毛黑色

（王榄华/摄）

（谭文奇/摄）

扬青，可饰女人首物，亦翡翠之类。”正如李时珍所述，普通翠鸟美丽的羽毛过去常被用于制作工艺制品。3世纪西方的贡品中就包括翠鸟羽毛。明清时期，我国宫廷中使用翠鸟翠绿的羽毛作画屏的配色，皇后戴的凤冠也用翠鸟的羽毛做衬底。京剧演员使用的头饰“点翠头面”需要几十只翠鸟翅膀下的羽毛，经过点翠师傅加工而成。随着人们动物保护意识的增强，使用野生鸟类制品的行为已被禁止，翠鸟这样拥有美丽羽毛的鸟也因此得到了保护。

普通翠鸟在欧亚大陆、北非和我国各省份均有分布，所以尽管普通翠鸟外表艳丽，但是依然用“普通”冠名。也许是因为适应性强，普通翠鸟不仅可以居住在人迹罕至的林间溪流，也常在人类活动频繁的水库、水塘、水田边甚至城市湿地公园安家落户。

普通翠鸟的巢一般建在水边的土崖上。筑巢时它先起飞，后向前方土崖壁猛冲，一次次地用强有力的大嘴凿击土崖壁，凿出一个小洞后便进入洞内凿土，同时双脚迅速把碎土扒出洞外，掘洞时间为7～14天。巢洞通常在斜向下约30度的方向，直径约10厘米，深度约60厘米，洞内笔直向前延伸，呈隧道状。在洞的末端有一个直径15厘米的球形洞室。能挖掘出如此精巧的洞穴，不得不说普通翠鸟是名副其实的“隧道工程师”。

雌鸟在洞室内产卵，平均每巢6枚卵。卵由雌鸟雄鸟轮流孵化，孵卵期约为20天。亲鸟会无微不至地照顾幼鸟，喂食时每次都贴心地将鱼或虾调整为鱼头或虾尾朝前的方向，再进洞喂食，这样可以防止幼鸟被鱼鳍或虾钳卡住食道。亲鸟平均每捉到10条鱼，就有8条会喂给小翠鸟，仅留2条给自己充饥，真是“可怜天下父母心”。翠鸟爸妈刚开始喂小翠鸟的时候，捕的都是体长2厘米内的小鱼。随着幼鸟不断长大，捕的鱼的尺寸也在逐渐增加；到小翠鸟出巢的前几天，喂的甚至是整只的小龙虾。经过27天的育雏期后，幼鸟便会离巢活动，亲鸟会将它们的独门捕鱼绝技传授给幼鸟。待幼鸟掌握了基本的生存技能后，它便会离开父母，开始“闯荡江湖”。

（执笔人：江西省科学院周博）

合作繁殖的『实习奶爸』

——斑鱼狗

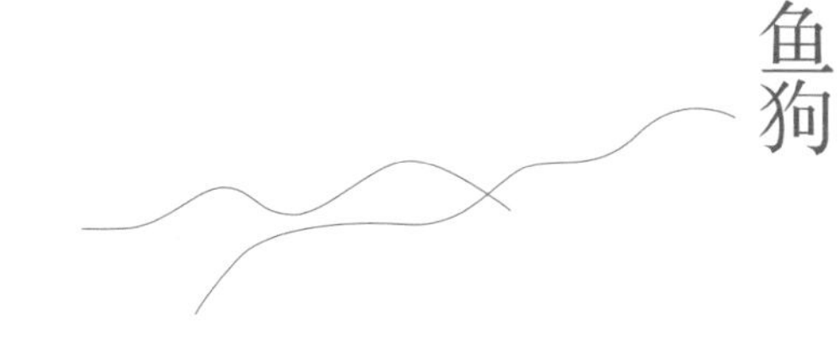

平静无风的湖面上，一只黑白相间的斑鱼狗（*Ceryle rudis*）在空中悬停了好几分钟。只见它快速扇动着翅膀，头部保持不动，眼睛死死盯着水面，发现猎物后便垂直俯冲入水，溅起一片水花，并将鱼叼出水面。斑鱼狗栖息在湖泊和河流沿岸，主要以鱼、虾为食。因为可以在飞行中吞下小鱼，所以能在大型宽阔水域或没有栖枝的河口捕食。

斑鱼狗广泛分布于亚洲和非洲，是我国最常见的翠鸟之一。它体长约25厘米，整体羽色黑白相间，飞行时翅上具大块白斑，长长的喙呈黑色。雄鸟和雌鸟的羽色稍有差别，雄鸟的胸前有两条环带，而雌鸟只有一条断裂的环带。

在繁殖季节，斑鱼狗夫妇共同挖掘1～2米深的隧道作为巢，它们集群繁殖，巢间距仅半米。窝卵数4～6枚，孵卵期约18天，育雏期约26天，幼鸟离巢后两周便可以开始自己捕鱼。

斑鱼狗幼鸟的雌雄比例约为1：1。雌鸟出生的第一年会离开出生地，所以只能通过其他地区雌鸟的扩散来补充，一龄可繁殖；雄鸟一般不扩散，可以通过当地出生的

（张荣峰/摄）

幼鸟补充，但在两龄前不繁殖，而是充当助手——实习奶爸。

实习奶爸（助手）通常分为两类，“主助手”和“副助手”。主助手在孵卵期间抓来食物喂养卧巢孵卵的繁殖者，在育雏期间则喂养幼鸟，并帮助驱赶进入巢区的捕食者。在雏鸟孵出一周后，副助手才开始帮助喂养幼鸟，在此之前与繁殖巢没有联系。每对繁育者通常可以有1个主助手，以及1至3个副助手。在难以找到优质食物的地区，斑鱼狗的繁殖成功率较低，通常需要更多的助手。而在食物资源丰富的地区，副助手即使带着鱼也可能会被繁殖者驱赶。

主、副助手的另一个区别是看与繁殖者的关系。大多数主助手都是繁殖者的后代，也就是说它们帮助抚养的幼鸟是自己的弟弟妹妹。而副助手与其帮助抚养的幼鸟通常没有血缘关系。副助手一开始可能会同时帮助多对繁殖者，之后逐渐专注于帮助其中一对。

主、副助手的第三个区别在于对雏鸟的投入。主助手的投入与繁殖者一样多。而副助手只花很少的时间保卫巢，喂的鱼既少又小，数量仅为主助手提供的四分之一。

为什么年轻雄鸟要做实习奶爸（助手）而不是自己繁殖呢？

可能是因为年轻雌鸟在离开繁殖地扩散的途中容易死亡，导致雄鸟数量远多于雌鸟。在争夺雌鸟的激烈竞争中，没有配偶的主要是年轻且没有繁殖经验的雄鸟。

在出生后的第一年，主、副助手都没有自己的后代。但主助手帮助抚养了自己的弟弟妹妹，它们和主助手拥有相似的基因，帮助它们对传承基因有利。副助手和幼鸟没有血缘关系，所以不会像主助手和繁殖者那样投入很多精力。

相比主助手，副助手在第二年常会有更大的繁殖机会。雄性繁殖者和副助手有时会发生争斗，副助手有可能取代繁殖者。繁殖者基本上都有机会在第二年再次找到配偶，但由于对繁殖的高度投入，繁殖者和主助手都只有约50%的存活率，而副助手的存活率达到75%。当雄性繁殖者去世后，通常由副助手接管雌鸟。绝大多数幸存下来的副助手可以在第二年繁殖，其中有一半与去年它们帮助过的雌鸟一起繁殖。副助手在为繁殖者提供帮助的同时也学习了繁殖经验，在第二年自己的繁殖中就有更优秀的表现。

（执笔人：江西省科学院周博）

（李东明/摄）

雀形目

协同进化的欢喜冤家
——东方大苇莺与大杜鹃

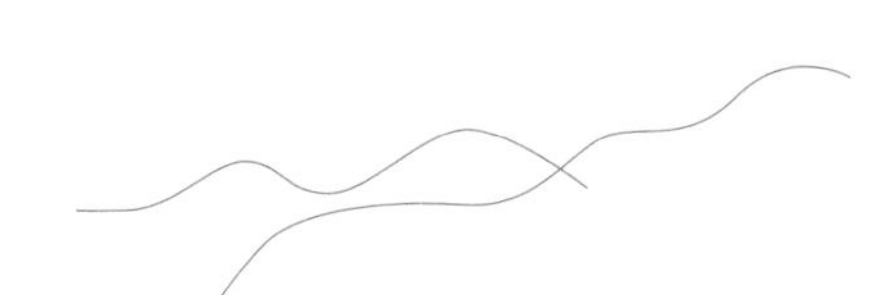

湿地芦苇荡附近常常能够看到大杜鹃（*Cuculus canorus*），不是因为它想营巢芦苇荡，而是因为芦苇丛中住着东方大苇莺（*Acrocephalus orientalis*）。

东方大苇莺的名字包含了很多信息，“东方”一词是

（尹绪玉/摄）

指它分布在亚洲东部，遍布中国华北、华中、华东，也会生活在西伯利亚南部、蒙古国、韩国和日本；“大”指它在莺类中算得上小巨人（虽然其成鸟体长仅仅18厘米）；从“苇”字可以轻易联想到它们生活在芦苇丛中；看到“莺”字，你可能会想到“莺歌燕舞”，但只要听过芦苇丛中它沙哑的叫声，你应该不会觉得它的鸣唱能称为莺歌。

东方大苇莺和大杜鹃是一对“江湖冤家”。大杜鹃不筑巢，也不自己孵蛋，而是把蛋产在东方大苇莺的巢中，由养父母代为哺育后代，这样亲生父母就有更多的时间逍遥江湖了，这在生物学上叫“巢寄生”。

为了让自家的娃寄生成功，大杜鹃使出了十八般武艺，一是“盯梢”，每到产卵繁殖季节，大杜鹃在隐蔽处监视东方大苇莺的一举一动，只要发现孵蛋的东方大苇莺

（尹绪玉/摄）

（魏林/摄）

离巢，大杜鹃就会快速到巢内去产一个蛋；二是叼蛋，大杜鹃叼走1～2枚东方大苇莺的蛋，保持巢内鸟蛋总数不变，防止被东方大苇莺识破；三是“混蛋”，科学家调查研究发现，全球范围内，大杜鹃会对上百种鸟类进行巢寄生，这么多种鸟，它们的蛋从颜色到形状、大小各不相同，大杜鹃又怎么能做到想骗谁就骗谁，想下什么样的蛋就下什么样的蛋呢？原来大杜鹃的办法是搞家族门派分工，将成员分成不同家族门派，每一个门派专门修炼针对某一种鸟或一类鸟的骗术（寄生方法），负责骗东方大苇莺的，一般不去坑白腰文鸟。将孩子寄生苇莺类巢的大杜鹃主要产浅蓝绿色，带棕色斑点的寄生蛋，这是大杜鹃与苇莺属鸟类经历了很长时期协同进化的结果。研究表明，大杜鹃的卵色和卵斑与东方大苇莺的卵不仅在可见光方面具有高度的模拟性，在紫外光光谱范围内也具有高度一致性。这样一枚蛋混在东方大苇莺的一窝蛋里，确实很难被发现。大杜鹃是“混蛋”高手，也是自然协同进化的典范。大杜鹃的第四招是使它的幼鸟总是比东方大苇莺的幼鸟更早孵化出壳，强悍的它们用后背把养父母的卵，甚至是已经孵化出来的幼鸟推出巢外，独自享受养父母带回来的美食。

或许你见过这样的场景：一只体形纤细的小鸟叼着虫子，喂食另一只体形于自己几倍大的大鸟。这并不是感人至深的反哺故事，而是大杜鹃成功寄生后的普遍场景。大杜鹃雏鸟会长到远大于自己养父母体格的体格。东方大苇莺养育这么一个大胖孩子的时间要远长于本来的育雏期。大杜鹃不仅让东方大苇莺失去亲生的孩子，还使其花费更多的时间和精力养育与其无亲缘关系的寄生雏鸟，繁殖概率被降低。生存竞争压力使辛苦的它们进化出系列防御手段，来反抗大杜鹃的巢寄生。

东方大苇莺反寄生策略包括巢防御、卵识别、雏鸟识别和雏鸟出飞后识别四个阶段。巢防御阶段，东方大苇莺一旦发现企图靠近自己巢的大杜鹃，就会主动上前驱赶并开展攻击，这种攻击有时会导致大杜鹃受伤，甚至死亡。有意思的是，在这场防卫战中，参与战斗的不仅有这个巢穴的鸟爸鸟妈，附近的同族邻居也常会过来帮忙。这种邻里互助的行为极大程度抑制了大杜鹃的巢寄生。相比有较多同族邻居的东方大苇莺，那些独自居住的鸟类更容易被大杜鹃寄生。卵识别阶段，东方大苇莺常常会检查巢内的卵是否是自己的，以规避大杜鹃来过家中产下“假”卵。通过分辨蛋及寻找与众不同的蛋，它们有可能将大杜鹃的蛋清除。雏鸟识别和雏鸟出飞后识别阶段，东方大苇莺的策略是通过识别出寄生的雏鸟，来拒绝继续喂养别人家的孩子。

东方大苇莺的这些能力是在漫长的斗争中逐渐习得的。自然界的种间关系往往处在动态平衡中，大杜鹃想尽办法让蛋寄生东方大苇莺的巢，而东方大苇莺也会绞尽脑

（尹绪玉/摄）

汁地采取一切可能的手段保护自己的种群繁衍。在这场没有硝烟的战争里，二者互相对抗，也互相演进，协同进化，不断发展。

（执笔人：壹木自然学院王绍良、重庆自然博物馆洪兆春）

与芦苇共生的鸟
——震旦鸦雀

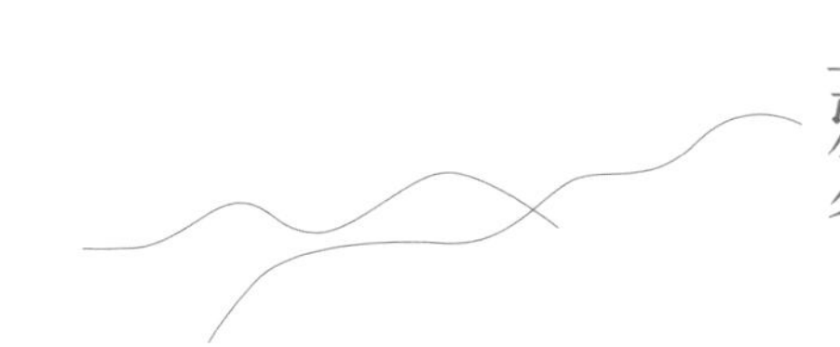

芦苇荡中，有一种黄褐色的小鸟用脚趾紧抓芦苇枝，在芦苇茎秆中部上上下下跳动，反复用喙敲击茎秆，确定位置后再用粗厚似鹦鹉的钩状喙剥开叶鞘、啄开芦苇茎寻找昆虫幼虫。它们全年都以寄生在芦苇中的昆虫为食，繁殖期主食直翅目和鳞翅目的昆虫，越冬期主食同翅目昆虫。这种鸟就是震旦鸦雀（*Paradoxornis heudei*）。

（毕建立/摄）

震旦是古代印度对中国的称谓。“震旦鸦雀”这个名字也就意味着“中国鸦雀”，表示这种鸟主要分布区域是在中国境内。震旦鸦雀在国内分布于华东、华北至东北，国外分布于蒙古国、西伯利亚东南部等地区。震旦鸦雀的分布生境有一个共同特点，即存在大量芦苇湿地。芦苇湿地具有重要的社会经济价值和特殊的自然保育意义，被收割的芦苇可用来生产纸浆或编织芦席。除了这些，自然芦苇湿地也为野生动物提供了隐秘的栖息环境。

每年10月以后，震旦鸦雀会聚集起来，集体行动，共同觅食，共同面对冬天的严寒；直到翌年4月，才陆续脱离集群，寻觅配偶，准备繁殖；5月，开始营巢，将巢材架在2~6根芦苇上，巢材主要是芦苇茎表组织和叶鞘组织。

震旦鸦雀繁殖和觅食都依赖于芦苇生境，这种依赖也降低了其对其他类型生境利用的能力，对外部干扰难以及时适应，容易受到灭绝威胁。《世界自然保护联盟濒危物

（毕建立/摄）

（王嘉梁/摄）

种红色名录》和《中国脊椎动物红色名录》都将震旦鸦雀列为全球近危物种，新修订的《国家重点保护野生动物名录》也将其列为国家二级保护野生动物。

入侵植物互花米草是一种多年生草本植物，原产于美洲大西洋沿岸和墨西哥湾，被许多国家引进，用于加固海堤、促淤造陆。我国也于1979年引入互花米草，用以保护海堤和控制海水侵蚀。这种植物的扩张大量侵占了潮间带芦苇区域，减少了震旦鸦雀等鸟类适宜的栖息地。互花米草中的优势种昆虫是双翅目昆虫，数量较少，而震旦鸦雀很少以此为食。大面积的纯互花米草生境中极少发现震旦鸦雀的巢。

每年冬季，沿海滩涂的芦苇被大片收割。芦苇不仅具有经济价值，也有环境价值，大面积的收割使芦苇在冬季的分布不再连续，不利于震旦鸦雀种群间的个体交流和遗传多样性的保存。芦苇的收割也意味着震旦鸦雀越冬食物资源紧张加剧。因此，保留一部分生长质量较好的芦苇可以缓解冬季震旦鸦雀种群的生存压力，为被割裂的芦苇生境建立联系通道，也能方便震旦鸦雀不同种群间的交流。

（执笔人：江西省科学院周博）

（谭文奇/摄）

《湿地公约》《生物多样性公约》《野生动物迁徙物种保护公约》《东亚－澳大利西亚伙伴关系协定》等国际公约、协定对湿地鸟类保护有积极的推动作用。2022年6月实施的《中华人民共和国湿地保护法》是推进新时代湿地保护高质量发展，推动湿地鸟类保护的重要保障。随着生态文明建设观念深入人心，越来越多的机构和个人加入湿地鸟类保护事业，观鸟、爱鸟、护鸟，共创人与自然和谐共生的局面。

第三篇　湿地鸟类科普

湿地鸟类保护

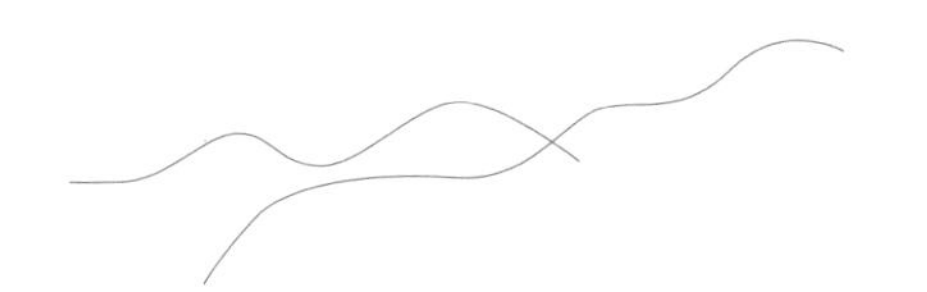

国际公约

为保护地球与地球上的自然环境，国际上已经签署了十多个主要的多边环境协议。其中，与湿地、鸟类保护相关的国际多边协定有《湿地公约》《生物多样性公约》《濒危野生动植物种国际贸易公约》《野生动物迁徙物种保护公约》《世界遗产公约》《东亚－澳大利西亚伙伴关系协定》，等等。

湿地公约

为保护迁徙水鸟及其栖息地，来自18个国家的代表于1971年2月2日在伊朗拉姆萨尔共同签署了《关于特别是作为水禽栖息地的国际重要湿地公约》(《Convention on Wetlands of International Importance especially as Waterfowl Habitat》)，简称《湿地公约》。湿地公约的核心理念是保护和合理利用湿地资源，为子孙后代留下宝贵的发展基础。该公约的初衷是保护迁徙水鸟栖息地，随着自然保护理念的演变，过渡到了生态系统保护，该公约是联合国框架下可持续发展的重要多边政府间协定。《湿地公约》已经成为国际上重要的自然保护公约，受到各国政府的重视。目前，湿地公约的缔约方数量已达到了172个。各国政府加入《湿地公约》成为缔约方时，需要指定至少一块国际重要湿地，并且是在生态学、植物学、动物学、湖沼学及水文学方面具有独特的国际意义的湿地。该公约中目前拥有2439块国际重要湿地，保护湿地面积约2.55亿公顷（https://www.ramsar.org [2022-05-29]），可以说是全球最大的保护地网络。

中国于1992年加入《湿地公约》，并于2005年当选为《湿地公约》常务委员会成员国。30年来，中国大力推进湿地保护修复，湿地生态状况持续改善。中国现有国际重要湿地64处，总面积达733万公顷。此外，中国深度参与《湿地公约》事务和规则制定，广泛开展国际合作和交流，为全球生态治理贡献中国智慧和中国方案。

东亚–澳大利西亚伙伴关系协定
(East Asian–Australasian Flyway Partnership，EAAFP)

致力于保护迁徙水鸟、栖息地以及赖其保障的人类福祉。EAAFP提供了一个迁飞区框架，以促进利益相关方之间的对话与合作。利益相关方包括政府、保护地管理者、科学家、国际机构、非政府组织、教育者、私营部门和地方社区等。截至2021年，EAAFP已经有39个伙伴，包括18个国家政府、6个政府间组织、13个国际非政府组织、1个国际组织和1个跨国企业。EAAFP每两年举办一次伙伴大会（MoP），共同讨论迁徙水鸟及其栖息地保护事宜。国家林业和草原局野生动植物保护司以及红树林基金会和香港观鸟会均为EAAFP的合作伙伴。

东亚-澳大利西亚迁飞区有超过210种迁徙水鸟。每一种水鸟都有其独特的生活习性、食物以及栖息地需求。科学家、研究人员和观鸟者通过加入EAAFP工作组和行动组，合力解决保护工作中的具体难题，并为全球受胁物种如勺嘴鹬、青头潜鸭、中华秋沙鸭、黑脸琵鹭、大杓鹬和卷羽鹈鹕制定保护行动计划。

确保有国际重要意义的栖息地网络的可持续管理，对于整个迁飞区迁徙水鸟的长期存续至关重要。因此，EAAFP建立了“迁飞区栖息地网络”。在数量超过1000块的重要迁徙水鸟栖息地中，已有至少150个栖息地被政府伙伴提名并纳为“迁飞区网络栖息地”（FNS）。每个FNS的管理者在保护这些重要栖息地方面都扮演着关键角色。此外，在EAAFP姐妹栖息地协议下，栖息地网络成员能够加强合作和分享经验。EAAFP以合作伙伴的形式与利益相关方，包括地方社区、政府机构和决策者等，都建立了广泛合作。为了确保迁徙水鸟及其栖息地得到认识和保护，EAAFP制定了《EAAFP战略规划2019—2028》以及《CEPA行动计划2019—2024》，以鼓励伙伴和其他合作者共同努力实现目标。

国内政策法规

2022年6月1日，《中华人民共和国湿地保护法》正式实施。这是我国首部专门保护湿地的法律。湿地保护法的出台是健全、完善我国生态文明制度体系的重要举措，是推进新时代湿地保护高质量发展的重要保障。法律确立了“保护优先、严格管理、系统治理、科学修复、合理利用”的原则，建立了覆盖全面、体系协调、功能完备的湿

云南念湖湿地（吴祥鸿/摄）

地保护法律制度，引领我国湿地保护工作全面进入法治化轨道。

其中，湿地保护法明确“禁止在以水鸟为保护对象的自然保护地及其他重要栖息地从事捕鱼、挖捕底栖生物、捡拾鸟蛋、破坏鸟巢等危及水鸟生存、繁衍的活动。开展观鸟、科学研究以及科普活动等应当保持安全距离，避免影响鸟类正常觅食和繁殖。”

此外，我国28个省（自治区、直辖市）先后出台了本地区的湿地保护法规，颁布省级标准和湿地保护相关文件83个，国家和省级层面均已制定了《湿地保护修复制度方案》和实施方案。中国湿地保护法规制度体系日趋完备。依托64处国际重要湿地、602处湿地自然保护区、1600余处湿地公园和为数众多的湿地保护小区，我国已初步建立了湿地保护管理体系，湿地保护率达52.65%。2003年，国务院批准发布了《全国湿地保护工程规划（2002—2030）》，陆续实施了三个五年期实施规划，中央政府累计投入198亿元，实施了4100多个工程项目，带动地方共同开展了湿地的生态保护与修复。

我国与湿地鸟类保护相关的法律法规还包括《中华人民共和国野生动物保护法》（2018）、《中华人民共和国自然保护区条例》（2017）、《国家重点保护野生动物名录》（2021）、《中华人民共和国长江保护法》（2020）等。

湿地鸟类保护机构

自然资源部、国家林业和草原局、地方各级自然资源和林草部门以及各自然保护地管理局是我国主管湿地及鸟类保护的主要官方机构，承担湿地的保护、修复、管理、监测、监督与巡护、科研、宣教等各项工作。值得一提的是，国家林业和草原局野生动植物保护司于2019年新设鸟类保护管理处，进一步强化鸟类保护监管职责，强化鸟类资源保护。

我国还有众多从事环境保护、野生动物保护的政府组织和非政府组织，例如，中国野生动物保护协会、中国湿地保护协会、中华环保基金会，国际非政府组织世界自然基金会、保尔森基金会、国际鹤类基金会、保护国际，国内民间自然保护组织阿拉善SEE基金会、自然之友、红树林基金会、深圳质兰基金会、朱雀会以及各地观鸟协会，等等。

这些机构和组织开展了各种各样的鸟类保护行动，包括湿地鸟类监测、开展湿地修复项目、科研与宣教活动等，为湿地鸟类保护提供了良好的契机。

（执笔人：北京林业大学贾亦飞）

湿地观鸟

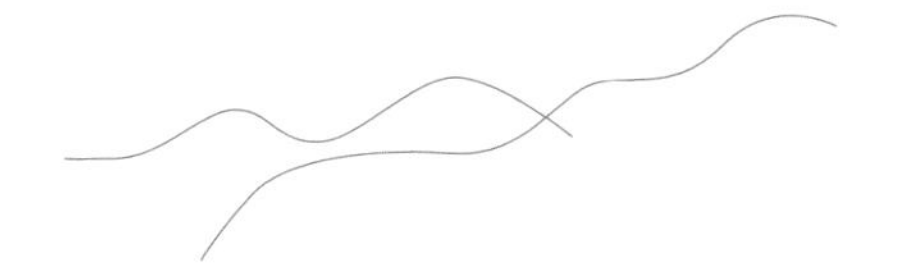

观鸟活动的发展历程

现代意义上的观鸟活动起源于18世纪中叶，英国乡村牧师吉尔伯特·怀特（Gilbert White）是现代意义的第一位观鸟人，因为他将对鸟类的观察和欣赏与对自然的情

（吴祥鸿/摄）

（王绍良/摄）

感结合起来，从中获得了更高的精神享受，从而改变了人类出于获得食物、装饰物、宗教信仰等目的对鸟类加以利用的状况。这原本是一项属于英国贵族的消遣活动，其旨在寻找自然乐趣。经过200余年的发展，欧美国家逐渐形成了数量庞大的观鸟群体。例如，英国皇家鸟类学会目前拥有数量超过110万名的注册会员；美国的观鸟人数超过4500万，约占美国总人口数的18%。

受欧美国家的影响，我国港台地区观鸟活动起步较早，例如，香港观鸟会成立于1957年，台北野鸟会成立于1973年。首先在中国大陆进行观鸟活动的仍然是英国人。1985年，英国学者马丁·威廉姆斯（Martin Williams）来到北戴河观鸟。之后几年时间，北戴河便成了国际观鸟胜地。中国大陆民众有组织地进行观鸟活动则开始于20世纪90年代中期，至今也不过有短短20多年时间，但发展势头较为迅猛，观鸟爱好者已经渐渐遍布全国，各地成立的民间观鸟组织的数量已达到60多个，甚至在一个省内就有好几个观鸟会。据统计，2018年中国大陆观鸟人数已经超过14万，约为中国总人口的万分之一。

观鸟活动与公民科学实践

观鸟活动已不仅仅是一种兴趣活动和消遣，目前已然成为公民科学实践、自然教育体验的重要载体。

科技的发展为公民观鸟活动提供了强大的助力。eBird是目前全球应用最广泛的、专门用于观鸟者记录各种观鸟数据的大型公民科学数据库。eBird平台于2002年由美国康奈尔大学的鸟类学实验室和奥杜邦学会推出，旨在收集不同时间地点的鸟类种类与分布的数据。目前，eBird数据库已记录全球一万余种鸟类的信息，收集的观测数据超过10亿条，记录全球鸟类的总数达到500亿只。

在中国，由于eBird使用受限，国内一些机构自行开发了相应的观鸟数据平台。“中国观鸟记录中心”是国内观鸟者使用较多的数据库，由朱雀会开发和维护。《2021年中国鸟类观察报告》显示，中国观鸟记录中心目前有数量超过2万名的活跃用户，记录了1353种在中国有分布的鸟类，记录地点涉及全国85.62%的县级行政单位，2021年其更新数据量超过120万条。

由此可见，应用观鸟数据库可以让任何用户随时随地上传鸟类数据。观鸟者是十分重要的鸟类监测和保护力量。公民科学活动为分析水鸟的种类、数量、分布及迁徙时空动态变化提供了更多的可能，更多的社会关注和适时数据上传也为鸟类的生存提供了更多安全保障。

鸟类观察的工具

望远镜——双筒望远镜适合看林鸟和近处的鸟，单筒望远镜（配合三脚架和云台使用）适合看水鸟和远处的鸟。

鸟类图鉴——本地鸟种图鉴或APP可用于识别鸟类及了解其生物学、生态学特性。目前，国内常用的鸟类图鉴包括《中国鸟类观察手册》《中国鸟类野外手册》《东亚鸟类野外手册》等；微信小程序有“懂鸟”“识鸟家”；主要观鸟和摄影网站包括中国观鸟记录中心、鸟网等。

相机——除留下影像记录，更有助于鉴别种类和复习。

（王绍良/摄）

导航设备或相关的应用程序——记录鸟类行动轨迹、观察时间、图片及声音信息。

野外观鸟注意事项

所有观鸟活动应在不对鸟类造成干扰的前提下展开，更不能做出威胁鸟类正常生活甚至生命的行为。

穿着舒适的衣服和鞋子，尽量融入自然，避免鲜艳着装，这样可以减少对鸟类的干扰。

提前了解当地的天气、地形、潮汐等自然情况，准备适宜的防晒、防蚊虫或防寒装备，也要避免因天气、地形或潮水原因出现意外。如有必要，请当地向导或经验丰富的观鸟者带领，以保证观鸟活动的安全。

下表列出了我国一些湿地观鸟点，以期给观鸟爱好者提供指导。

中国知名湿地观鸟点概览表

省（自治区、直辖市、特别行政区）	知名水鸟观测点
海南	五源河、东寨港自然保护区、西沙群岛
广东	深圳湾、雷州湾
福建	闽江口、漳江口、兴化湾湿地
香港	米埔湿地
澳门	海滨湿地
台湾	曾文溪口海岸滩涂、兰屿
广西	北海海滨湿地、南宁青秀湖公园
贵州	草海保护区、红枫湖
云南	拉市海、剑湖湿地、大山包湿地
上海	南汇东滩、崇明东滩
重庆	彩云湖、广阳岛、双桂湖国家湿地公园
山西	平陆湿地、册田水库

（续）

省（自治区、直辖市、特别行政区）	知名水鸟观测点
江苏	条子泥湿地、盐城珍禽保护区、连云港滨海湿地
浙江	韭山列岛、杭州湾湿地、温州湾湿地
江西	鄱阳湖、婺源湿地
湖北	府河湿地、东湖湿地、沉湖湿地
湖南	洞庭湖湖区、桃源湿地
四川	若尔盖
安徽	升金湖、安庆沿江湖群
河南	三门峡保护区、民权黄河故道
西藏	雅江河谷、色林错、纳木错
山东	黄河三角洲保护区、东平湖、南四湖、青岛胶州湾湿地
北京	野鸭湖湿地、密云水库、沙河水库、房山十渡
天津	汉沽湿地、北大港湿地、七里海湿地
河北	滦南南堡嘴东湿地、曹妃甸保护区、衡水湖保护区、闪电河湿地、北戴河湿地公园、七里海澙湖
陕西	洋县朱鹮保护区、渭河湿地、红碱淖湿地
甘肃	尕海保护区、黄河首曲湿地
青海	青海湖鸟岛、扎陵湖、鄂陵湖
宁夏	沙湖湿地、黄河沿岸
新疆	白湖、喀纳斯、博斯特湖、巴音布鲁克
内蒙古	乌梁素海、达赉湖、包头南海子
辽宁	鸭绿江口湿地、辽河口湿地、獾子洞水库
吉林	莫莫格、向海湿地
黑龙江	扎龙保护区、兴凯湖、大庆龙凤湖、三江平原

（执笔人：北京林业大学贾亦飞）

参考文献

崔滢,夏建宏.震旦鸦雀[J].森林与人类.2012, 04: 64-73.

丁长青.朱鹮研究[M].上海:上海科技教育出版社,2004.

高继宏,马建章,陶宇.两种潜鸭不完全巢寄生行为[J].动物学研究,1992, 13(4): 327-328, 332.

高瑞东.芦芽山国家级自然保护区普通翠鸟生态习性记述[J].山西林业科技,2012(41): 29-30.

郭军,李慧芳.家禽起源与驯化研究进展[J].中国畜牧兽医,2011, 38(10): 199-202.

韩联宪,韩奔,梁丹,等.亚洲钳嘴鹳在中国西南地区的扩散[J].四川动物,2016, 35(1): 149-153.

何芬奇,林植,江航东.中国的紫水鸡——其分布与种下分类问题的回顾与探讨[J].动物学杂志,2013, 48(3): 490-496.

焦洋.洪河保护区东方白鹳繁殖期行为研究[D].哈尔滨:东北林业大学,2014.

李林,古彦昌,李晓滨.我观察到的白头鹤[J].森林与人类,2015(06): 70-73.

李筑眉,李凤山.黑颈鹤研究[M].上海:上海科技教育出版社,2005.

梁军,张明明,李路云,等.贺兰山白尾海雕的越冬种群数量和分布研究简报[J].四川动物,2013, 32(05): 780-782.

廖炎发,王侠.棕头鸥的繁殖生态[J].野生动物,1983(02): 45-50.

刘冬平,金崑.苍鹭捕食小䴙䴘[J].野生动物学报,2018, 39(4): 997-998.

刘体应,张文东.山东渤海湾大天鹅越冬习性的观察[J].野生动物,1987, 8(6): 24-25.

罗玉梅,王卓聪,朴正吉,等.长白山区中华秋沙鸭繁殖流域共栖动物及相互关系[J].北华大学学报(自然科学版), 2019, 20(6): 722-727.

单继红,马建章,李言阔,等.近十年来鄱阳湖区越冬白鹤种群数量与分布[J].动物学研究,2012, 33(4): 355-361.

舒实.22天蹲守,观察翠鸟育雏[J].知识就是力量,2016(4): 58-63.

宋洋,韩晶晶,王超,等.鸡西机场苍鹭日活动节律的研究[J].野生动物,2013, 34(4): 195-197, 218.

田家龙,黄海娇,张明明,等.我国白尾海雕种群与分布状况[J].林业科技,2018, 43(05): 57-59.

汪青雄,杨超,肖红,等.黑鹳研究概况及保护对策[J].陕西林业科技,2017, (6): 74-77.

王中裕,韩耀平,余荣伟,等.汉中地区牛背鹭繁殖习性的观察[J].动物学杂志,1992, 27(1): 24-27.

王紫江,赵雪冰,吴兆录.红嘴鸥繁殖地与越冬地的环境和生活习性对比[J].云南大学学报(自然科学版), 2008, 30(S2): 387~390.

温立嘉，任永奇，邢小军，等．鄂尔多斯蓑羽鹤小群体的GPS-GSM跟踪初步分析[J]. 动物学杂志，2017, 52(2): 210-216.

文祯中．牛背鹭种群扩张析[J]. 生态学杂志，1995, 14(6): 54-56.

吴逸群，刘建文，吴盈盈，等．中国大鸨的生物学研究进展[J]. 四川动物，2013(32): 156-159.

吴忠荣，崔卿，郭轩，等．鸳鸯[J]. 森林与人类，2016, 36(1): 22-25.

冼耀华．青海湖地区斑头雁繁殖习性的初步观察[J]. 动物学杂志，1964(01): 12-14.

徐旭．东方白鹳(*Ciconia boyciana*)活动特征及栖息地的适宜性分布研究[D]. 长春：中国科学院大学(中国科学院东北地理与农业生态研究所)，2021.

鄢绯寰，左正宏，陈美，等．我国部分家鸭和野鸭遗传多样性及亲缘关系的AFLP分析[J]. 厦门大学学报(自然科学版)，2005, 44(5): 729-733.

杨延峰．斑头雁（*Anser indicus*）日间行为模式及越冬觅食地生境选择[D]. 北京：中国林业科学研究院，2012.

易国栋，杨志杰，刘宇，等．中华秋沙鸭越冬行为时间分配及日活动节律[J]. 生态学报，2010, 30(8): 2228-2234.

张耳．鸳鸯——动物世界的“爱情故事”[J]. 绿化与生活，2011, 27(8): 46-47.

张国钢，陈丽霞，李淑红，等．黄河三门峡库区越冬大天鹅的种群现状[J]. 2016, 51(2): 190-197.

张国钢，刘冬平，江红星，等．青海湖棕头鸥(*Larus brunnicephalus*)夏秋季活动区研究[J]. 生态学报，2008(06): 2629-2634.

张琦，李浙，吴庆明，等．河南民权湿地公园青头潜鸭越冬行为模式及性别差异[J]. 生态学报，2020, 40(19): 7054-7063 .

张树苗．乌苏里江普通鸬鹚（*Phalacrocorax carbo*）繁殖生态的研究[D]. 哈尔滨：东北林业大学，2005.

赵格日乐图，灵燕，高敏．近年来乌梁素海疣鼻天鹅种群数量变化及原因分析[J]. 动物学杂志，2019, 54(1): 8-14.

赵闪闪，褚一凡，李杲光，等．新乡黄河湿地越冬大天鹅食性研究[J]. 湿地科学，2018, 16(2): 245-250.

赵序茅，马鸣，彭建生，等．蓑羽鹤飞越地球之巅[J]. 森林与人类，2015, (6): 82-87.

赵正阶．中国鸟类志[M]. 长春：吉林科学技术出版社，2001.

郑文军，郑建刚，周占彬，等．甘肃张掖黑河湿地黑鹳繁殖和迁徙习性[J]. 动物学杂志，2021, 56(1): 126-130.

邹红菲，黄华智，宋雅玲，等．我国松嫩平原鹤类研究进展[J]. 野生动物学报，2018, 39(2): 433-437.

AO P, WANG X, SOLOVYEVA D, et al. Rapid decline of the geographically restricted and globally threatened eastern palearctic lesser white-fronted goose *Anser erythropus*[J]. Wildfowl, 2020, 6: 206-243.

CHEN Y, ZHANG Y, CAO L, et al. Wintering swan geese maximize energy intake through substrate foraging depth when feeding on buried *Vallisneria natans* tubers[J]. Avian Research, 2019, 10: 6.

KATZIR G, BERMAN D, NATHAN M, et al. Sustained hovering, head stabilization and vision through the water surface in the pied kingfisher (*Ceryle rudis*)[J]. BioRxiv, 2018: 409201.

REYER H U. Pied kingfishers: ecological causes and reproductive consequences of cooperative breeding. In: STACEY P B and KOENIG W D. Cooperative breeding in birds[M]. Cambridge: Cambridge University Press, 1990: 529-557.

WANG X, FOX A D, CONG P, et al. Food constraints explain the restricted distribution of wintering lesser white-fronted geese *Anser erythropus* in China[J]. Ibis, 2013, 155:576-592.

WU Z L, ZHANG K X , LI W J, et al. Number, habitats, and roosting sites of wintering black-necked cranes in Huize Nature Reserve, Yunnan, China[J]. Mountain Research and Development, 2013, 33: 314-322.

Abstract

Wetland, also known as the "Earth's kidney" and "reservoir of genetic diversity", is one of the world's most important ecosystems. The Chinese government joined the Convention of Wetlands of International Importance Especially as Waterfowl Habitats (*Wetlands Convention* for short) in 1992 and became the 67th contracting party. Since then, the Chinese government and international communities have addressed global challenges such as the area reduction and ecological function degradation of wetlands. To date, 64 internationally essential wetlands and 29 nationally important wetlands have been designated, more than 600 wetland nature reserves and more than 1600 wetland parks have been established, and a full coverage monitoring of internationally essential wetlands in China's mainland has been achieved. After 30 years of development, China's wetland protection has gradually evolved from focusing on the protection of waterfowl habitats and migratory waterfowl to the overall protection of the wetland ecosystem.

Wetland birds use wetlands as their habitat and breeding ground and are an important part of the wetland ecosystem. The changes in species diversity and quantity of wetland birds are objective biological indicators for monitoring wetland biodiversity and wetland environment changes. China has a large wetland area, with a large number of wetland birds and rich species.

Wetland Birds is a popular science book that introduces 48 representative wetland birds species of 10 avian orders in China, including Anseriformes, Otidiformes, Gruiformes, Ciconiiformes, Podicipediformes, Suliformes, Pelecaniformes, Accipitriformes, Coraciiformes and Passeriformes.

The authors of this book are all engaged in the forefront of ornithologic research and education. Using a lively and humorous tone, they illustrated the morphological characteristics, foraging, breeding, general behavior, habitats and the current demographic status of wetland birds. For example, the authors suggested that the primary task of the swan goose was to "become a qualified foodaholic", the originator of "finger heart" was the mute swan, and that the hooded crane was "the mysterious elegant crane, and the hermit of the forested wetland". This book not only introduces fun facts about birds to the general public, but also highlights the relationship between wetland birds and the wetland environment and the interdependence between wetland birds and human beings, prompting readers to contemplate the sustainable development of wetlands while being mesmerized by the charming wetland birds.

This book popularizes the scientific knowledge of wetland protection and displays the natural scenery of wetlands and the charm of Chinese culture with pictures. Stanzas from poems such as "swallows nest in wet mud and Mandarin ducks nest on the warm sand" "egrets fly over paddy fields, and orioles sing in shaded woods in summer", and "the autumn river shares a scenic hue with the vast sky and the evening glow parallels with a lonely duck to fly", vividly depict the harmony between people, birds and nature in Chinese wetlands. This book is both scientific and interesting, providing a reference for the publicity and protection of wetland birds.

The research and protection of wetland birds in China started relatively late. In the past three decades, through the support of policies, scientific and technological development, and science education, China has coordinated the management of mountains, rivers, forests, fields, lakes, and grasses, and constantly strengthened the protection of wetland birds. The quality and ecological functions of wetland bird habitats have been gradually improved. The protection of wetland birds warrants more attention. As long as we embrace the harmony between humans and nature, and respond to the call for wetland protection and wetland bird conservation, we can promote the development of wetland bird protection. Let's work together to protect wetlands, care for wetland birds, and jointly build a beautiful home where people and nature coexist harmoniously.

The editors strive to integrate science, knowledge, science literacy, and popular interests into this book. However, due to the limitation of the authors' scholarly level, shortcomings are inevitable. We sincerely hope that readers can kindly give us feedback.